Excel
パワークエリ

データ収集・整形を
自由自在にする本

鷹尾 祥 著

はじめに

　前作『Excelパワーピボット　7つのステップでデータ集計・分析を「自動化」する本』の出版からおよそ1年半が経ちました。今回の『Excelパワークエリ　データ収集・整形を自由自在にする本』は私が考えている3部作のうち、2作目にあたります。前作では、パワークエリ、パワーピボット、DAXの総合的な使い方を紹介しましたが、今回はその中でもデータの収集と整形を自動化する「Power Query（パワークエリ）」に特化した内容です。

　パワークエリは、その使いやすさと機能の多彩さから幅広い用途に使えます。あちこちに散らばったデータを一度に集めてきてレポートを作るだけでなく、会計伝票データの作成や社内システムへのインポートファイルの作成など、広く事務作業を自動化することができます。

　私はうんざりするほどのデータ加工作業で疲弊し、モチベーションをなくしてきた人たちをたくさん見てきました。パワークエリはそのようなデータ整形作業を自動化するために生まれたツールです。私はパワークエリが世の中に浸透することで、そのような「ど根性手作業ルーチン」が過去のものになり、皆さんがより建設的な仕事に時間を割けるようになることを願っています。

鷹尾　祥

第2章 列と行の操作

第3章 表をつなげる
163

第6章　表の形を組み替える

1　表を組み替えるということ__330

　　　　　「列のピボット解除」について__330
　　　　　「列のピボット」について__331
　　　　　「入れ替え」について__332

2　列のピボット解除：横に並んだデータを縦に並べる__332

　　　　　列のピボット解除：横に並んだ月を縦に並べる__332
　　　　　その他の列のピボット解除：列が追加されていくパターン__336
　　　　　時間軸以外のピボット解除：横に並んだ科目を並べる__338
　　　　　属性の違いが意味を持たないケース：保有資格一覧__339
　　　　　左2 x 上2階層のピボット解除__340

3　列のピボット：縦に並んだデータを横に並べる__346

　　　　　集計の伴う列のピボット__346
　　　　　集計しない列のピボット__350

第7章 更なる活用に向けて

本書の使い方

1 ● 動作環境および画面イメージについて

　Microsoft Excelは、バージョンによって画面のデザインや機能面に違いがあります。本書は、その中でも**Excel 2016以降**のバージョンを主な対象としています。

　また、本書に掲載している画面イメージは、筆者が本書執筆時に利用していた**Microsoft365**環境のExcel（2020年10月頃）によるものです。そのため、プレインストール版およびパッケージ版のExcel 2016や2019の画面とは、イメージが一部異なる場合があります。また、Microsoft365環境は数ヶ月単位で画面やメニューの名称が変化することがあるので、本書の表記と異なる場合があります。

2 ● 読者特典について

　本書では、読者特典として翔泳社のWebサイトから、練習用のサンプルファイルをダウンロードすることができます。

　サンプルファイルには、デモで使用するファイルのほか、各章の開始・終了時点のExcelファイルを用意していますので、自分が興味を持っている章からデモを開始することもできます。ただし、Power Queryのデータソースを指定したフォルダーの場所（C:¥パワークエリ）は変更できないのでご注意ください。また、Officeの更新プログラムが適用されていない環境の場合、Power Queryの関数に互換性が無く、サンプルファイルが使用できない場合がありますのでご了承ください。

　なお、本書に登場するExcelのテーブル名はシート名と一致してありますので、本文でテーブル名を参照している場合は、同じ名前のシートをご確認ください。

3 ● 読者特典のダウンロード

　本書の読者特典として、以下のサイトからサンプルファイルおよびPDFファイルをダウンロードできます。

https://www.shoeisha.co.jp/book/present/9784798167084/

※会員特典データのダウンロードには、SHOEISHA iD（翔泳社が運営する無料の会員制度）への会員登録が必要です。詳しくは、Webサイトをご覧ください。

※ファイルをダウンロードするには、本書に掲載されているアクセスキーが必要になります。該当するアクセスキーが掲載されているページ番号はWebサイトに表示されますので、そちらを参照してください。

※会員特典データに関する権利は著者および株式会社翔泳社が所有しています。許可なく配布したり、Webサイトに転載することはできません。

※会員特典データの提供は予告なく終了することがあります。あらかじめご了承ください。

[序章]

パワークエリ
とは何か？

　皆さんはPower Query（本書では以下「パワークエリ」と表記。）をご存知ですか？　パワークエリを一言で説明すると、「日ごろ心血を注いで頑張っているExcelデータの収集・整形作業のほとんどを自動化する機能」です。

パワークエリとは

パワークエリは当初Excelのアドイン機能として登場し、Excel 2016からは「データの取得と変換」として標準機能に組み込まれました。

パワークエリはいわゆるETLツールです。ETLとは、①Extract（抽出）、②Transform（変換）、③Load（取り込み）の頭文字を集めた略号です。より柔らかい言い方をすると、(1) 様々なところに散らばったデータを集めて、(2) 望ましい形に整形し、(3) 共通の場所（Excelブックの中）に取り込む機能です。

さらに、こうして一度作られた、クエリ＝データの収集・整形ロジックは「更新」というかたちでそのまま繰り返すことができます。つまり、一度クエリを作ってしまえば、次回からはボタン1つで同じ作業が完了してしまいます。

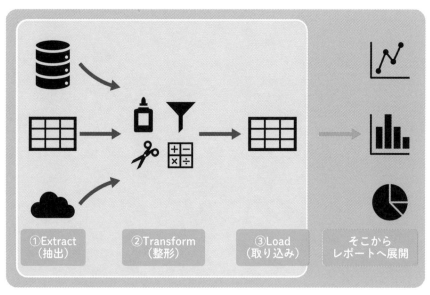

図0-1　パワークエリはETLツール

このようにして集められ、整形されたデータは次の用途に使用できます。

・明細データとして使用する

- ピボットテーブルを作り、集計・分析を行う
- ERPなど他システムへインポート
- システム移行時のデータ・クレンジング
- パワーピボットに組み込んでより高度な集計・分析を行う

　これらの作業は現在どのように行っていますか？　手作業によるコピーペーストやVLOOKUP関数、SUMIF関数の手入力のような「ど根性手作業ルーチン」で行っているならば、それらをすべてパワークエリで置き換え、自動化することができます。

2 パワークエリを知るための 最初のエクササイズ

　百聞は一見に如かずということで、まずは皆さんに実際の業務シナリオでパワークエリがどのように活躍するのかを体験していただきます。

シナリオ

今回想定しているシナリオは以下のようになります

- 毎月、システムから所定のフォルダーにExcelブックが出力される。
- システムから出力されるデータはそのままでは集計できないので、経理部門がその都度データに一定の加工をし、集計結果をレポートにしている

サンプルファイルの準備

　本書の読者特典のWebサイトからダウンロードしたサンプルファイルの「パワークエリ」フォルダーを任意のフォルダーに丸ごと保存してください。本書では、以下のようにCドライブ直下にフォルダーを保存して進めます。

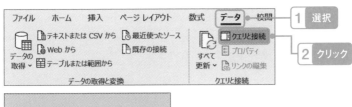

図0-2　「パワークエリ」フォルダー

　サンプルファイルの「0. パワークエリとは何か」の中の「パワークエリとは
何か.xlsx」ファイルを開いてください。中には「商品マスタ」シートがあります。

	A	B	C	D	E	F
1	商品ID	商品カテゴリー	商品名	発売日	定価	原価
2	P0001	飲料	お茶	2016/4/1	6,700	1,407
3	P0002	飲料	高級白ワイン	2016/4/1	37,500	15,375
4	P0003	飲料	白ワイン	2016/4/1	24,800	4,216

図0-3　「パワークエリとは何か.xlsx」ファイルの商品マスタ

　以下の手順で「クエリと接続」ペインを表示します。

図0-4　「クエリと接続」ペインを表示

　パワークエリで作成するデータ取り込み処理を**クエリ**といいますが、これから
作成するクエリはここに追加されていきます。

データのありか=「データソース」を指定する

パワークエリの最初のタスクは「データのありかを指定する」ことです。このデータのありかのことを**データソース**といいます。

今回は「売上明細」と「商品マスタ」という2つのデータが登場しますが、「売上明細」は別のExcelブック、「商品マスタ」は今開いているブックの表がデータソースになります。

◎「売上明細」Excelブックの取り込み

まず以下の手順で「売上明細」Excelブックを取り込みます。

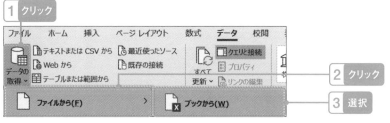

図0-5 「ブックから」

Excelブックの場所を指定します。「C:¥パワークエリ¥0. パワークエリとは何か¥データソース」フォルダーの「売上明細.xlsx」ファイルを選択し、「インポート」をクリックします。

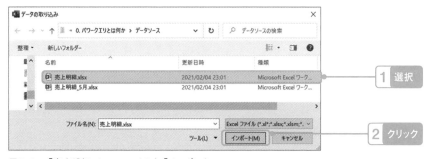

図0-6 「売上明細.xlsx」ファイルを「インポート」

「ナビゲーター」画面ではブックのシート一覧が表示されるので、「売上明細」シートを選択し、「データの変換」をクリックします。

図0-7　「ナビゲーター」画面でシートを選択

以下のような新しいウィンドウが表示されます。これがパワークエリでのデータ加工作業の中心となる「Power Query エディター」です。画面中央には指定したExcelシートの「売上明細」シートの中身がプレビューとして表示されます。

図0-8 「Power Query エディター」

まずクエリの名前を確認します。右側の「クエリの設定」の「プロパティ」の「名前」を確認するとシート名と同じ「売上明細」になっています。

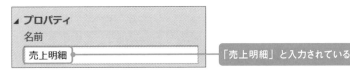

図0-9 プロパティの「名前」を確認

次に不要な列を削除します。「顧客ID」列を選択し、「列の削除」を行います。

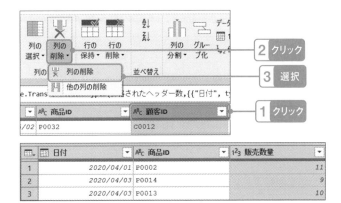

図0-10 「顧客ID」列が削除された

実行すると、画面右側の「適用したステップ」に「削除された列」ステップが追加されます。このように、パワークエリで行った加工処理の1つ1つが「ステップ」として記録されていきます。

図0-11　「適用したステップ」

　次に、加工されたデータをExcelワークシートに取り込みます。

図0-12　Excelワークシートに取り込む

　Power Queryエディターが閉じられ、Excelにウィンドウが切り替わります。それと同時に、先ほどの加工処理を経たデータがExcelのワークシートテーブルとして新しいシートに読み込まれます。

　「クエリと接続」ペインには、先ほど作成した「売上明細」クエリがテーブルの形をしたアイコンとともに表示されます。つまり、「外部のExcelファイルをデータソースとして指定し、列を消すという加工処理を経てテーブルとして取り込む」という一連の処理が「売上明細」クエリとして作成されました。

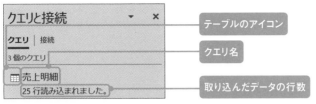

図0-13　「売上明細」という名前の「クエリ」になった

　読み込まれたテーブルの上にカーソルを置いたまま、「テーブルデザイン」タブを表示し、「テーブル名」がクエリと同じ「売上明細」になっていることを確認します。パワークエリで作成したテーブル名とクエリ名は常に一致します。

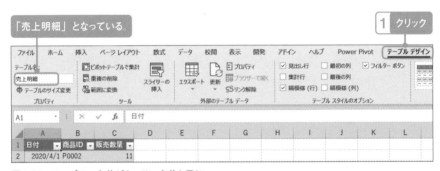

図0-14　テーブルの名前がクエリの名前と同じ

◎「商品マスタ」の取り込み

　今開いているブックの「商品マスタ」を読み込むクエリを作成します。

　「商品マスタ」シートを開いてください。

図0-15　「商品マスタ」シートを開く

「商品マスタ」シートが開いたら、まず表を「テーブル」に変換します。

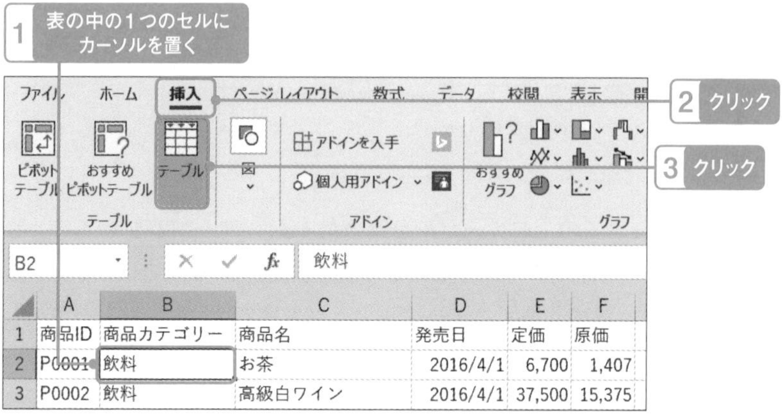

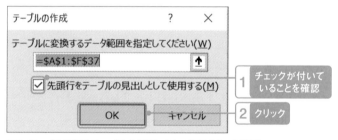

図0-16　表をテーブルに変換

「テーブルの作成」ダイアログボックスが開いたら、「先頭行をテーブルの見出しとして使用する」にチェックが付いているのを確認し、「OK」をクリックします。

図0-17　「先頭行をテーブルの見出しとして使用する」を確認

テーブルに変換されたら、「テーブルデザイン」タブでテーブル名を「商品マスタ」に変更します。パワークエリはテーブルをよく使いますが、後の管理をしやすくするため必ずテーブル名を付けてください。

図0-18 「テーブル名」を付ける

次にこのテーブルを参照するクエリを作成します。

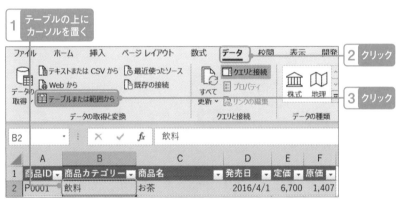

図0-19 テーブルを参照するクエリを作成する

Power Queryエディターが開きます。

図0-20 「商品マスタ」

　今度は何も加工せずにクエリを作りますが、既にデータはExcelシートにあるので「接続専用」のクエリを作ります。

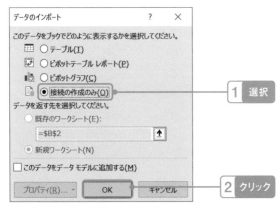

図0-21 「閉じて次に読み込む」

　「データのインポート」画面で「接続の作成のみ」を選択して「OK」をクリックします。

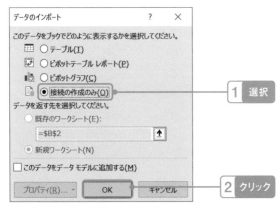

図0-22 「接続の作成のみ」を選択

今回は新しいワークシートテーブルは追加されずに、「商品マスタ」クエリが作成されました。読み込んだ行数は表示されず「接続専用」と表示されます。

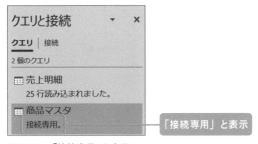

図0-23　「接続専用」と表示

データを加工する

これまでの手順で、「売上明細」と「商品マスタ」という異なるデータソースの2つのクエリを作りました。これから具体的なデータ整形に移ります。

◎ベースとなる「売上明細」クエリを開く

「売上明細」クエリを選んでPower Queryエディターを開きます。

図0-24　Power Queryエディターを開く

◎データとデータをつなげる

「売上明細」クエリと「商品マスタ」クエリを結合します。以下の手順で「ク

エリのマージ」を開いてください。

図0-25 「クエリのマージ」を開く

「マージ」画面が開いたら2つのテーブルを結合する条件を設定します。

図0-26 結合する条件を設定

これで2つのテーブルに共通する「商品ID」を介して両者が結合されました。次に結合された「商品マスタ」テーブルを展開し、中身を表示します。

▦▾	▦ 日付	▾	ᴬᴮ𝖼 商品ID	▾	¹²₃ 販売数量	▾	▦ 商品マスタ	⇤⇥
1	2020/04/01		P0002			11	Table	

「展開」ボタンをクリック

図0-27　「商品マスタ」テーブルの中身を表示する

1　チェックを外す

2　チェックを外す

3　チェックを外す

4　「OK」をクリック

図0-28　展開する列を選ぶ

　「商品ID」をキーとして結び付けられた「商品マスタ」テーブルの値を売上明
細に結合しました。

¹²₃ 販売数量	▾	ᴬᴮ𝖼 商品カテゴリー	▾	ᴬᴮ𝖼 商品名	▾	¹²₃ 定価	▾	¹²₃ 原価	▾
11		飲料		高級白ワイン		37500		15375	
17		飲料		高級白ワイン		37500		15375	
7		飲料		お茶		6700		1407	

図0-29　結合できた

◎計算式を追加する

「定価」に「販売数量」をかけた「売上」列を追加します。

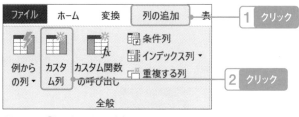

図0-30 「カスタム列」の追加

「カスタム列」画面では「売上」として以下の数式を追加します。

= [定価] * [販売数量]

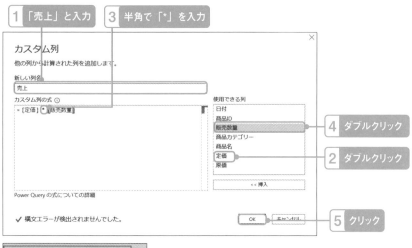

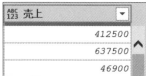

図0-31 売上を計算

同様に以下の式で「利益」のカスタム列を追加します。

= ([定価] - [原価]) * [販売数量]

図0-32 「利益」のカスタム列

再びデータを取り込み直し、一連のデータ整正処理を行った結果をワークシートテーブルに取り込みます。

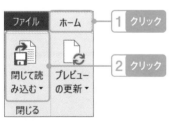

	A	B	C	D	E	F	G	H	I
1	日付	商品ID	販売数量	商品カテゴリー	商品名	定価	原価	売上	利益
2	2020/4/1	P0002	11	飲料	高級白ワイン	37500	15375	412500	243375
3	2020/4/30	P0002	17	飲料	高級白ワイン	37500	15375	637500	376125
4	2020/4/25	P0001	7	飲料	お茶	6700	1407	46900	37051
5	2020/4/30	P0001	11	飲料	お茶	6700	1407	73700	58223
6	2020/4/3	P0014	9	食料品	ミックスベジタブル	17100	7866	153900	83106

図0-33 もう一度データを取り込む

ピボットテーブルを作る

出来上がったワークシートテーブルを元にピボットテーブルで集計を行います。
「売上明細」テーブルにカーソルを置き、ピボットテーブルを作ります。

図0-34 「ピボットテーブル」の作成

ピボットテーブルのレイアウトを以下のように設定し、集計します。

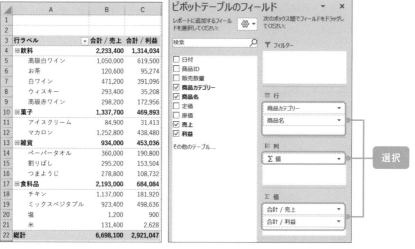

図0-35 ピボットテーブルのレイアウトを設定

データを更新する

翌月になってデータソースのExcelブックが入れ替わったとします。「データソース」フォルダーの「売上明細.xlsx」を「売上明細_4月.xlsx」へ、「売上明細_5月.xlsx」を「売上明細.xlsx」へとファイル名を変更します。

図0-36 ファイル名を変更する

今度は、Power Queryエディターは開かずに「クエリと接続ペイン」から再取り込みします。「売上明細」クエリ右側の「最新の情報に更新」をクリックします。データが再取り込みされ、読み込まれた行数が変化します。

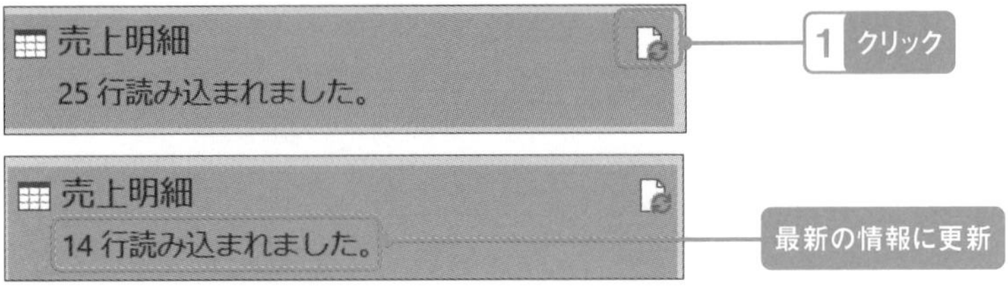

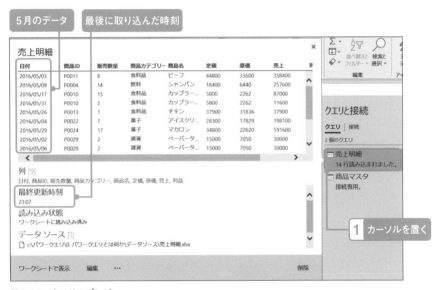

図0-37 「最新の情報に更新」

「売上明細」クエリの上にカーソルを置くと、プレビューが表示されます。最終更新時刻は今読み込んだ時間になり、売上明細も5月のデータに変化しています。

図0-38 クエリのプレビュー

売上明細テーブルを見ると、5月の売上明細実績に基づいた結果が反映されています。

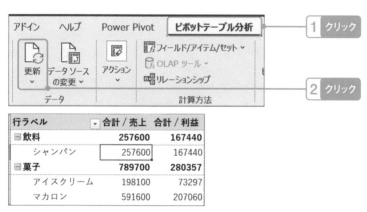

	A	B	C	D	E	F	G	H	I
1	日付	商品ID	販売数量	商品カテゴリー	商品名	定価	原価	売上	利益
2	2016/5/3	P0011	8	食料品	ビーフ	44800	33600	358400	89600
3	2016/5/9	P0004	14	飲料	シャンパン	18400	6440	257600	167440
4	2016/5/17	P0010	15	食料品	カップラーメン	5800	2262	87000	53070
5	2016/5/31	P0010	2	食料品	カップラーメン	5800	2262	11600	7076
6	2016/5/26	P0013	1	食料品	チキン	37900	31836	37900	6064

図0-39 結果が再び取り込まれた

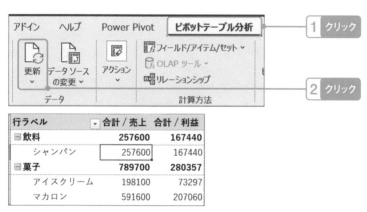

データの「更新」を実行するだけで前回と同じ手順でデータが加工され、Excelブックに取り込むことができました。

ピボットテーブルのデータを取り込み直すには、ピボットテーブルにカーソルを置いて「ピボットテーブル分析」タブの「更新」をクリックします。

図0-40 ピボットテーブルのデータを取り込み直す

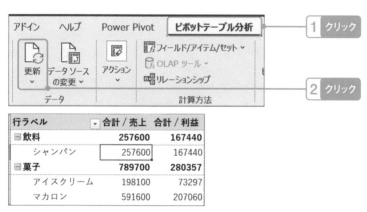

3 パワークエリは何をしているか？ −M言語について

前節でパワークエリのETL処理を体験しました。今度はその裏側で何が起きているのかをたどります。

先ほど作成したクエリの定義を確認するため、「売上明細」クエリからPower Queryエディターを開きます。

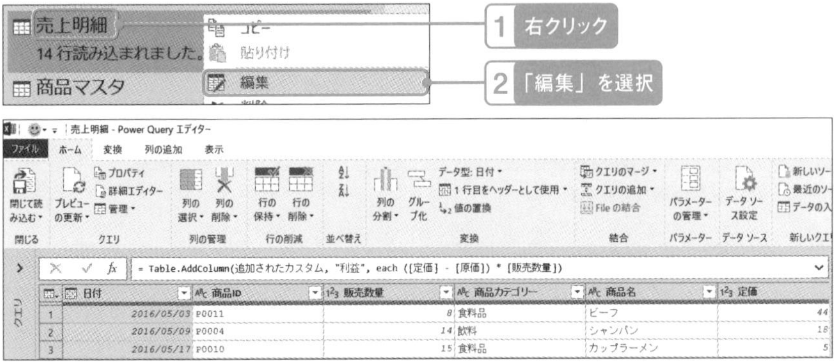

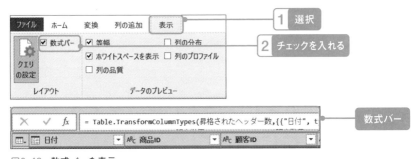

図0-41　Power Queryエディターが開く

数式バーの表示とステップ

最初の作業として、PowerQueryエディターが行っている作業を見えるように
します。数式バーが表示されていない場合、以下の手順で「数式バー」を表示
させます。

図0-42　数式バーを表示

　この数式バーにはステップごとにExcelの関数に似た数式が表示されてい
ます。これこそがパワークエリの実体の、「M」というコンピューター言語
です。
　パワークエリはとても使いやすいので数式を意識しなくても画面の操作だけ

である程度使いこなせます。しかし、**初級者から中級者へとステップアップするためには数式を確認し、直接数式を書き換えられることが必須ですので、数式バーは必ず表示させてください。**

　次に画面右の「クエリの設定」の「適用したステップ」を確認します。

図0-43　「適用したステップ」

　「ステップ」とはパワークエリが行う1つ1つのデータ変換作業のことです。適用したステップには、ステップが実行順に表示されています。適用したステップの中から「ソース」を選択します。

　すると、数式バーの表示が変わり、「ソース」ステップの式が表示されます。同時にプレビューの中身も「ソース」ステップを実行した直後の状態に戻ります。

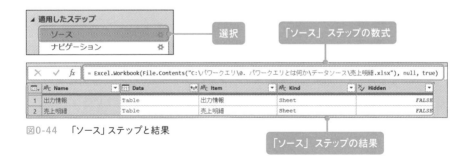

図0-44　「ソース」ステップと結果

詳細エディターの確認

「ホーム」タブの「詳細エディター」をクリックします。

すると、先ほどの「ソース」ステップを含むすべてのステップが順番に並んで表示されます。これがクエリのMのプログラムの全体像となります。

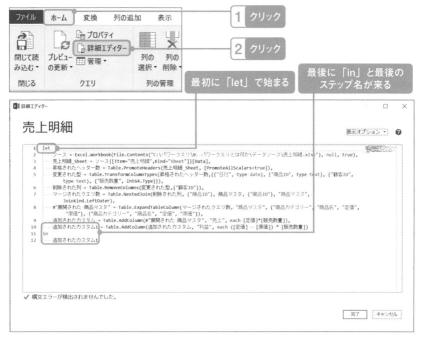

図0-45　Mのプログラム

全体をまとめると、「**let**」以降のステップを伝言ゲームのように順番に実行し、最後のステップの結果を「**in**」の中身としてクエリの結果にしています。

図0-46　各ステップは次の処理で参照される

通常は画面上の操作でこのクエリを組んでいくことになりますが、「詳細エディ
ター」から直接クエリを組むこともできます。

内容を確認したら「完了」をクリックして「詳細エディター」を閉じます。

クエリの依存関係

「表示」タブの「クエリの依存関係」をクリックすると、それぞれのデータソー
スとクエリの依存関係が表示されます。また、クエリの箱をクリックすると、そ
のデータの元と先のクエリの色が変わります。

図0-47　クエリの依存関係

4 画面の説明

パワークエリに関係するExcelの画面は大きく分けて2つあります。

1つはExcelのリボンメニューの「データ」タブで、もう1つはパワークエリの作業の中心となる「Power Queryエディター」です。

Excelのリボンメニューについて

パワークエリを使うにあたり、Excelのリボンメニューで使用するのは、「データ」タブの「データの取得と変換」と「クエリと接続」グループです。

「データの取得と変換」グループは、Power Queryエディターと連携したデータソースへの接続からクエリの作成まで、つまり**自動化処理を作る機能**を担当します。それに対して、「クエリと接続」グループは作成したクエリを使って**データを自動更新するパート**を担当しています。

図0-48　Excelのリボンメニュー

Power Queryエディターについて

Power Queryエディターの概要を説明します。

◎Power Queryエディター

クエリの編集の中心となるPower Queryエディターの画面です。

図0-49　Power Queryエディター

◎「ホーム」タブ

　「ホーム」タブには「閉じて読み込む」や「プレビューの更新」をはじめ、クエリ全体に関する処理と使用頻度の高いメニューが並びます。

図0-50　「ホーム」タブ

◎「変換」タブについて

　「変換」タブは加工処理の中心となるメニューです。テーブル自体をグループ化したり、行と列を入れ替えたり、個別の列の値を変換したりします。

図0-51　「変換」タブ

◎「列の追加」タブについて

「列の追加」タブのメニューは実はその大部分が「変換」タブのものと共通しています。「変換」タブでは指定した列自体の値を変えるのに対し、「列の追加」タブでは指定した列を元に新しい列を追加する点が異なります。その他、カスタム列や条件列の追加もここから行います。

図0-52　「列の追加」タブ

◎「表示」タブについて

「表示」タブではPower Queryエディターの各種表示の設定やクエリの依存関係の表示を行います。

図0-53　「表示」タブ

［第1章］
データソースへの接続

　パワークエリが最初に行う仕事は、ExcelブックやCSVファイル、データベースといった様々な元データ＝「データソース」に接続することです。本章ではデータソースごとの接続方法を紹介します。

サンプルは「1. データソース」を使用します。

アクセスキー　**J**　（大文字のジェイ）

1 データを「まな板」の上に載せる

　本章は、ETLプロセスの最初のタスクである「データソースへの接続」を紹介します。

　データソースとは加工の元となる「データのありか」のことです。パワークエリの仕事は、(1) あちこちに散らばる種々のデータソースに接続し、(2) 目的に沿った姿に整形し、(3) 1つのExcelファイルに取り込むことですが、**データソースへの接続はその最初のタスク**です。

　データソースへの接続をさらに分解すると、3つのフェーズがあります。

　①データソースの指定
　(例) **File.Contents**関数でExcelブックのファイルパスを指定する。

　② 形式の変換
　(例) **Excel.Workbook**関数でエディターが読める形に変換する。

　③ ナビゲーション
　(例) **{} や[]という記号**を使って加工対象となるシートまで移動する。

　複数のステップが一体化している場合もありますが、すべてのETLプロセスはこれらのフェーズを経て、メインの整形ステップに到着します。

2 テキストファイルの読み込み

テキストファイルとは、一言でいうと**文字情報だけで構成されたファイル**であり、以下の特徴があります。

- ・Windowsのメモ帳で開くことができる
- ・「CSVファイル」と「固定長ファイル」の二通りがある
- ・基本的に1行に1レコードのデータがある
- ・それぞれ特定の文字コードを使用している

テキストファイルは、主にシステムとのデータのやり取りをするための「インターフェースファイル」として利用されています。システムにデータを取り込むときにはインポートファイルとなり、システムから出力されたデータはエクスポートファイルとなります。

コンマ区切りのCSVファイルの読み込み

コンマ区切りのCSVファイルを読み込むシナリオです。

CSVファイルは、各列のデータが「,」やタブなど、特定の区切り記号で区切られている特徴があります。

◎テキストまたはCSVから

「CSVファイル」フォルダーの「売上明細.csv」を使用します。ファイルを右クリックで選択し、「プログラムから開く」の「メモ帳」で開くと、以下のように1行目にはそれぞれの項目名が、2行目からはコンマで区切られたデータが1行ずつ並んでいます。

```
日付, 商品ID, 顧客ID, 支店ID, 販売単価, 販売数量
2016/4/1, P0002, C0007, B002, 36800, 11
2016/4/3, P0014, C0006, B002, 19500, 9
2016/4/3, P0013, C0026, B005, 46200, 10
```

図1-1 　「売上明細.csv」の構成

新規のExcelブックを開き、「テキストまたはCSVから」をクリックします。

図1-2 　「テキストまたはCSVから」をクリック

「データの取り込み」画面が開いたら、「CSVファイル」フォルダーの「売上
明細.csv」を選択します。

図1-3 　「売上明細.csv」を選択

ファイルの中身がプレビューに表示されます。このとき、文字コードが「932:
日本語（シフトJIS)」、区切り記号が「コンマ」になっていることを確認してく
ださい。

図1-4 「売上明細.csv」のプレビュー

これらの情報はPower Queryエディターが自動的に検出します。

画面右下の「データの変換」をクリックして次に進むと、コンマで区切られたデータが別々の列に読み込まれます。

日付	商品ID	顧客ID	支店ID	販売単価
1	2016/04/01	P0002	C0007	B002	36800
2	2016/04/03	P0014	C0006	B002	19500
3	2016/04/03	P0013	C0026	B005	46200

図1-5 CSVファイルのプレビュー

そのまま「閉じて読み込む」を実行し、ワークシートテーブルとして読み込みます。

	A	B	C	D	E	F
1	日付 ▼	商品ID ▼	顧客ID ▼	支店ID ▼	販売単価 ▼	販売数量 ▼
2	2016/4/1	P0002	C0007	B002	36800	11
3	2016/4/3	P0014	C0006	B002	19500	9
4	2016/4/3	P0013	C0026	B005	46200	10

図1-6　ワークシートテーブルとして取り込まれた

◎File.Contents関数とCsv.Document関数

　作成したクエリをもう一度開き、「適用したステップ」で「ソース」の数式を確認します。

```
= Csv.Document(File.Contents("C:\パワークエリ\1.データソース\
CSVファイル\売上明細.csv"),[Delimiter=",", Columns=6,
Encoding=932, QuoteStyle=QuoteStyle.None])
```

　この数式は以下のように内側と外側の2つの関数の組み合わせです。

```
内側:File.Contents("C:\パワークエリ\1.データソース\CSVファイル\
　　　売上明細.csv")
外側:Csv.Document(<内側の式>,[Delimiter=",", Columns=6,
　　　Encoding=932, QuoteStyle=QuoteStyle.None])
```

　File.Contents関数の1つ目の引数に「売上明細.csv」のファイルパスが指定されています。ここが「データソースの指定」フェーズに相当します。この段階ではCSVやExcelといったファイル形式は指定されていません。

　次に外側の**Csv.Document**関数を確認します。**Csv.Document**関数の1つ目の引数に**File.Contents**関数で指定したCSVファイルのデータを渡し、その後、**Columns**に列数の「6」、**Delimiter**に区切り記号の「,」、**Encoding**に日本語（シフトJIS）のコード「932」を指定しています。これが「データ形式の変換」フェーズでこの関数を経てデータが表形式データとして扱えるようになります。

なお、CSVファイルにはExcelブックのようにシートは存在しないので、ナビゲーション・フェーズはありません。

文字コードがUTF-8形式のCSVファイルの読み込み

文字コードが「UTF-8」のコンマ区切りCSVファイルを読み込みます。

◎テキストまたはCSVから

「データ」タブの「テキストまたはCSVから」をクリックし、同じフォルダーの「売上明細_UTF8.csv」ファイルを選択します。

プレビューの文字コードは「65001:Unicode (UTF-8)」になります。

図1-7　「元のファイル」の文字コードが「65001:Unicode (UTF-8)」に

そのまま「データの変換」をクリックして次に進み、データが正常に読み込まれていることを確認します。

	日付	商品ID	顧客ID	支店ID	販売単価
1	2016/04/01	P0002	C0007	B002	36800
2	2016/04/03	P0014	C0006	B002	19500
3	2016/04/03	P0013	C0026	B005	46200

図1-8　UTF8のCSVファイルのプレビュー

◎Csv.Document関数の「Encoding」で文字コードを指定

「ソース」ステップの数式は前回とほぼ同じですが、**Encoding**の値がUTF-8の「65001」となります。

タブ区切りのCSVファイルの読み込み

データが「タブ」で区切られたCSVファイルを読み込みます。

```
📗 売上明細.tsv - メモ帳

ファイル(F) 編集(E) 書式(O) 表示(V) ヘルプ(H)
日付      商品ID   顧客ID   支店ID   販売単価          販売数量
2016/5/2   P0032   C0012   B002   15300   5
2016/5/2   P0029   C0017   B002   15800   2
2016/5/3   P0011   C0004   B004   42100   8
```

図1-9　タブ区切りのCSVファイルの読み込み

◎テキストまたはCSVから

「データ」タブの「テキストまたはCSVから」で「CSVファイル」フォルダーにアクセスしたら、ファイルの形式を「すべてのファイル (*.*)」に変更し、表示された「売上明細.tsv」ファイルを選択してインポートします。

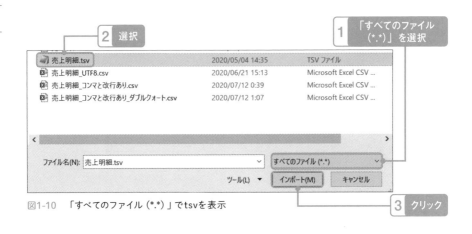

2 選択				1 「すべてのファイル (*.*)」を選択

📗 売上明細.tsv		2020/05/04 14:35	TSV ファイル
📗 売上明細_UTF8.csv		2020/06/21 15:13	Microsoft Excel CSV ...
📗 売上明細_コンマと改行あり.csv		2020/07/12 0:39	Microsoft Excel CSV ...
📗 売上明細_コンマと改行あり_ダブルクォート.csv		2020/07/12 1:07	Microsoft Excel CSV ...

ファイル名(N): 売上明細.tsv ∨ | すべてのファイル (*.*) ∨
ツール(L) ▼ | インポート(M) | キャンセル

図1-10　「すべてのファイル (*.*)」でtsvを表示　　　3 クリック

プレビューでは「区切り記号」が「コンマ」ではなく、「タブ」になります。

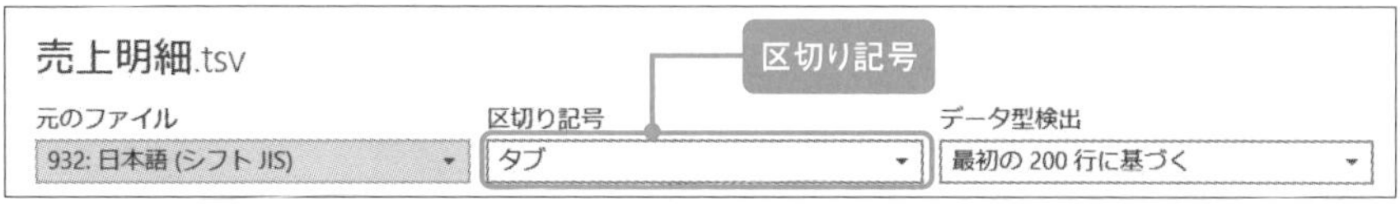

売上明細.tsv

元のファイル	区切り記号	データ型検出
932: 日本語 (シフト JIS) ▼	タブ ▼	最初の 200 行に基づく ▼

図1-11 「区切り記号」が「タブ」に

「データの変換」をクリックしてPower Queryエディターに移動し、各列が正しく読み込まれていることを確認します。

	日付	A⁰C 商品ID	A⁰C 顧客ID	A⁰C 支店ID	1²₃ 販売単価
1	2016/05/02	P0032	C0012	B002	15300
2	2016/05/02	P0029	C0017	B002	15800
3	2016/05/03	P0011	C0004	B004	42100

図1-12 タブ区切りCSVファイルのプレビュー

◎Csv.Document関数の区切り記号指定

「ソース」ステップの数式を見ると**Delimiter**の値が「,」ではなく「　（タブ）」になっています。

なお、CSVファイルの区切り記号が他の記号であったとしても、その区切り記号を**Delimiter**で指定すれば、きちんと読み込むことができます。

データの中にコンマや改行のあるCSVファイルの読み込み

データの中にコンマや改行があるCSVファイルの読み込みです。

◎失敗例

まず、失敗例を見てみます。「売上明細_コンマと改行あり.csv」ファイルをメモ帳で開き中身を確認すると、以下のように「備考」データの途中でコンマがあるデータと、改行が入って次の行に「あり」とだけ記載されているデータがあります。

図1-13 「売上明細_コンマと改行あり.csv」ファイル

　このようなデータを取り込むとどうなるでしょうか？ 「テキストまたはCSVから」をクリックし、「売上明細_コンマと改行あり.csv」ファイルをインポートします。

　すると、プレビュー画面の3行目では「コンマ」と「あり」が別々の列に、5行目の「改行あり」は2行に分かれ、6行目の「日付」列に「あり」というデータが入り込んでいます。

売上明細_コンマと改行あり.csv

元のファイル
932: 日本語 (シフト JIS)

区切り記号
コンマ

デー
最初

日付	商品ID	顧客ID	支店ID	販売単価	販売数量	備考	
2016/4/1	P0002	C0007	B002	36800	11		
2016/4/3	P0014	C0006	B002	19500	9		
2016/4/3	P0013	C0026	B005	46200	10	コンマ	あり
2016/4/5	P0033	C0004	B004	8200	8	改行なし	
2016/4/5	P0024	C0030	B005	44200	18	改行	
あり				null	null		

図1-14 「,」のために列が改行のために行が分かれた

　これは、区切り記号である「,」や、次の行を示すための改行と実際のデータを区別できないためです。この場合、元のCSVファイルの各データを「"（ダブルクォーテーション）」で囲み、コンマや改行コードも含んだ文字列を1つのデータだと認識できるようにします。

◎成功例：データを「"」で囲む

「売上明細_コンマと改行あり_ダブルクォート.csv」ファイルをメモ帳で開きます。

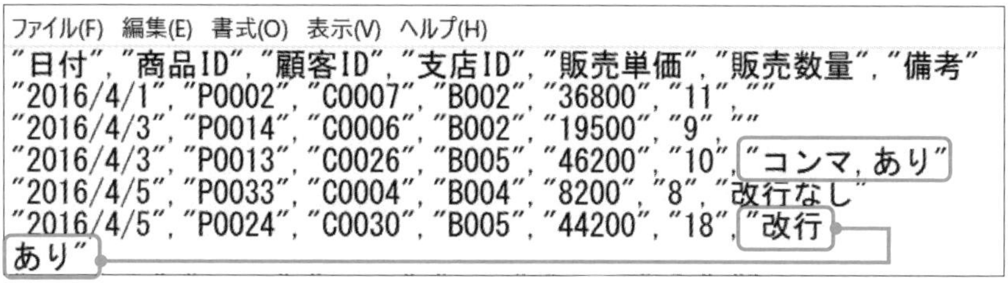

```
ファイル(F)  編集(E)  書式(O)  表示(V)  ヘルプ(H)
"日付","商品ID","顧客ID","支店ID","販売単価","販売数量","備考"
"2016/4/1","P0002","C0007","B002","36800","11",""
"2016/4/3","P0014","C0006","B002","19500","9",""
"2016/4/3","P0013","C0026","B005","46200","10","コンマ,あり"
"2016/4/5","P0033","C0004","B004","8200","8","改行なし"
"2016/4/5","P0024","C0030","B005","44200","18","改行
あり"
```

図1-15　「売上明細_コンマと改行あり_ダブルクォート.csv」ファイル

今度のファイルは、コンマがあるデータや改行があるデータも含めてすべてのデータが「"」で囲まれています。

「テキストまたはCSVから」で「売上明細_コンマと改行あり_ダブルクォート.csv」ファイルをインポートすると、それぞれのデータが「備考」列に収まっています。

売上明細_コンマと改行あり_ダブルクォート.csv

元のファイル			区切り記号			
932: 日本語 (シフト JIS)			コンマ			

日付	商品ID	顧客ID	支店ID	販売単価	販売数量	備考
2016/04/01	P0002	C0007	B002	36800	11	
2016/04/03	P0014	C0006	B002	19500	9	
2016/04/03	P0013	C0026	B005	46200	10	コンマ,あり
2016/04/05	P0033	C0004	B004	8200	8	改行なし
2016/04/05	P0024	C0030	B005	44200	18	改行あり

図1-16　「備考」列に収まっている

「データの変換」をクリックして「閉じて読み込む」を実行すると正常にデータを取り込むことができます。

	A	B	C	D	E	F	G
1	日付 ▼	商品ID ▼	顧客ID ▼	支店ID ▼	販売単価 ▼	販売数量 ▼	備考 ▼
2	2016/4/1	P0002	C0007	B002	36800	11	
3	2016/4/3	P0014	C0006	B002	19500	9	
4	2016/4/3	P0013	C0026	B005	46200	10	コンマ,あり
5	2016/4/5	P0033	C0004	B004	8200	8	改行なし
6	2016/4/5	P0024	C0030	B005	44200	18	改行あり

図1-17 「閉じて読み込む」を実行

◎Csv.Document関数の引用符指定

失敗例の「ソース」ステップの**Csv.Document**関数を確認すると、**QuoteStyle**が「QuoteStyle.None」になっており、各データを引用符で括らない設定になっています。

成功例の**QuoteStyle**を確認すると、「QuoteStyle.Csv」という値が設定され、たとえ区切り記号や改行があったとしても1つのデータとして扱うことができます。

列が増加してゆくCSVファイルの読み込み

毎日、日付が新しい列として増加してゆくCSVファイルがあるとします。例えば、2016年4月15日時点では「販売数量」と「売上」が列方向に並び、A列からI列まで9列が存在しています。

	A	B	C	D	E	F	G	H	I
1	日付	2016/4/1	2016/4/3	2016/4/5	2016/4/7	2016/4/12	2016/4/13	2016/4/14	2016/4/15
2	販売数量	11	19	26	8	19	12	5	9
3	売上	404800	637500	861200	154400	416100	117600	92500	293400

図1-18 A列からI列まで9つの列が存在

これが2016年4月30日になると、日付の分だけ列が増加し、A列からS列の19列まで増加します。このように列が増加していく場合にすべての列を取り込むためのシナリオです。

I	J	K	L	M	N	O	P	Q	R	S
2016/4/15	2016/4/16	2016/4/18	2016/4/21	2016/4/22	2016/4/24	2016/4/25	2016/4/26	2016/4/27	2016/4/28	2016/4/30
9	20	18	5	6	33	7	20	13	18	38
293400	986000	732600	90300	164400	694200	47600	398600	206700	356400	1068300

図1-19　A列からS列までの19の列まで増加

◎何も対策をしなかった場合

まず、何も対策をしなかった場合にどのような結果になるかを確認します。

「テキストまたはCSVから」で「売上日時集計.csv」をインポートします。Power Queryエディターで右端まで移動すると「Column9」の2016年4月15日まで取り込まれています。

$^{AB}_C$ Column7 ▼	$^{AB}_C$ Column8 ▼	$^{AB}_C$ Column9 ▼
2016/4/13	2016/4/14	2016/4/15
12	5	9
117600	92500	293400

図1-20　2016/4/15まで取り込まれている

適用したステップの「ソース」をクリックし、数式を確認します。

```
= Csv.Document(File.Contents("ファイルパス"),[Delimiter=",",
Columns=9, Encoding=932, QuoteStyle=QuoteStyle.None])
```

Csv.Document関数の**Columns**が「9」となっており、9列まで読み込むという設定になっています。

「閉じて読み込む」を実行し、データを取り込みます。

	A	B	C	D	E	F	G	H	I
1	Column1 ▼	Column2 ▼	Column3 ▼	Column4 ▼	Column5 ▼	Column6 ▼	Column7 ▼	Column8 ▼	Column9 ▼
2	日付	2016/4/1	2016/4/3	2016/4/5	2016/4/7	2016/4/12	2016/4/13	2016/4/14	2016/4/15
3	販売数量	11	19	26	8	19	12	5	9
4	売上	404800	637500	861200	154400	416100	117600	92500	293400

図1-21 「閉じて読み込む」を実行

ここで2016年4月30日を迎え、CSVファイルの列が増加したらどうなるでしょう? 同じフォルダーの中の「売上日時集計_0430.csv」には、4月30日までのデータが入っているので、ファイル名を以下のように変更して、2016年4月30日のデータと差し替えてください。

　　・売上日時集計.csv ⇒ 　売上日時集計_0415.csv
　　・売上日時集計_0430.csv 　⇒ 　売上日時集計.csv

図1-22 ファイル名を変更した

「クエリと接続」ペインの「売上日時集計」クエリを再実行して最新の情報に更新します。

図1-23 クエリを再実行

ファイルを差し替え、CSVファイルには4月30日までのデータが含まれているにもかかわらず、先ほどと同じく9列目の2016年4月15日までのデータしか取り込まれていません。

	A	B	C	D	E	F	G	H	I
1	Column1 ▾	Column2 ▾	Column3 ▾	Column4 ▾	Column5 ▾	Column6 ▾	Column7 ▾	Column8 ▾	Column9 ▾
2	日付	2016/4/1	2016/4/3	2016/4/5	2016/4/7	2016/4/12	2016/4/13	2016/4/14	2016/4/15
3	販売数量	11	19	26	8	19	12	5	9
4	売上	404800	637500	861200	154400	416100	117600	92500	293400

図1-24　2016年4月15日までのデータしか取り込まれていない

　これはCsv.Document関数のColumnsの値が9であったため、それ以降の列が無視されたことが原因です。

◎「Columns」をnullにして列の増加に対応

　この問題を解決し、列が増加してもすべての列を取り込むようにするため、クエリの一部を変更します。「クエリと接続」ペインの「売上日時集計」クエリを右クリックし、「編集」を選んでPower Queryエディターを開きます。「ソース」ステップの数式を表示し、列数の数に関わらずすべての列を読み込むように「Columns=null」に変えます。

```
= Csv.Document(File.Contents("ファイルパス"),[Delimiter=",",
Columns=null, Encoding=932, QuoteStyle=QuoteStyle.None])
```

　プレビューが変化し、2016年4月30日までの列が読み込まれました。

AᵇC Column16	▾	AᵇC Column17	▾	AᵇC Column18	▾	AᵇC Column19	▾
2016/4/26		2016/4/27		2016/4/28		2016/4/30	
20		13		18		38	
398600		206700		356400		1068300	

図1-25　19列目まで読み込まれた

　なお、このような横方向に時間軸が伸びていく表をデータベース形式にするには、『第6章表の形を組み替える』の「列のピボット解除」を使用します。

半角固定長ファイルの読み込み

半角文字の固定長ファイルの読み込みのシナリオです。

固定長ファイルは、コンマのような特定の文字ではなく、列の始まる位置と終わる位置でそれぞれの列を区切ります。例えば、最初から5文字目までは「商品コード」、6文字目から15文字目までは「商品名」というように文字の位置が項目を示しています。

◎固定長ファイルを読み込む

今回は「商品マスタ_固定長_半角.txt」を読み込みます。

```
P0001Drink     Tea            2017040100006700
P0002Drink     White Wine     2018042100037500
P0011Food      Beef           2018010100044800
P0021Sweets    Shortcake      2019123100043200
P0029Goods     Paper Towel    2020100100015000
```

図1-26　商品マスタ_固定長_半角.txt

この固定長ファイルは以下の形式になっています。

①0から4文字目（5文字）	商品CD	P0001
②5から14文字目（10文字）	商品カテゴリー	Drink
③15から29文字目（15文字）	商品名	Tea
④30から37文字目（8文字）	発売日	20170401
⑤38から45文字目（8文字）	定価	00006700

「テキストまたはCSVから」をクリックし、「固定長ファイル」フォルダーの「商品マスタ_固定長_半角.txt」ファイルを選択します。

プレビューの「区切り記号」は「--固定幅--」になります。

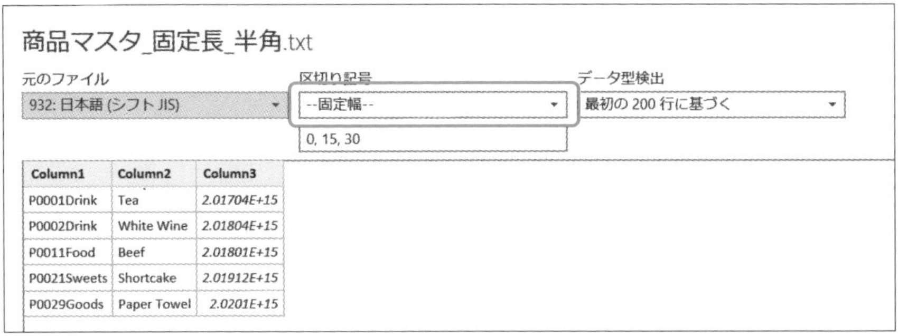

図1-27　「区切り記号」が「--固定幅--」になっている

　自動で検出されたそれぞれの列の開始位置が「0,15,30」となっているので、「0,5,15,30,38」の5列に入力し直して「データの変換」をクリックします。なお、パワークエリで数字を数えるときは「0」から数えるので、1文字目の開始位置は「0」になります。

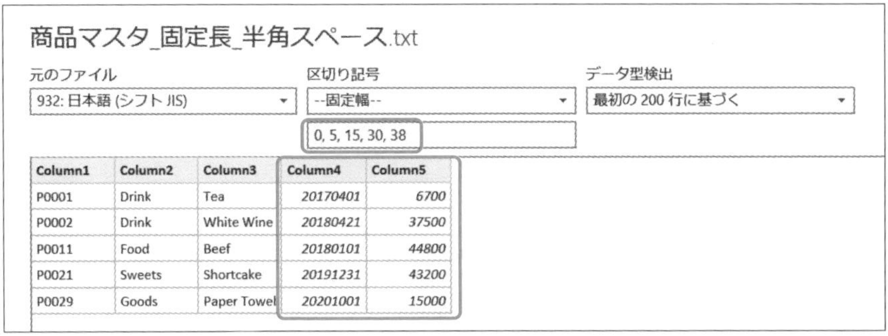

図1-28　正しく5列に区切られた

　最初に、データ型を個別に設定します。
　「Column4」列を日付型に、「Column5」を整数型に変更します。

※「column4」列を日付型に変換するときにエラーが出る場合は、一度テキスト型にしてから日付型に変換してください。

▦▾	AᴮC Column1 ▾	AᴮC Column2 ▾	AᴮC Column3 ▾	▦ Column4 ▾	1²₃ Column5 ▾
1	P0001	Drink	Tea	2017/04/01	6700
2	P0002	Drink	White Wine	2018/04/21	37500
3	P0011	Food	Beef	2018/01/01	44800
4	P0021	Sweets	Shortcake	2019/12/31	43200
5	P0029	Goods	Paper Towel	2020/10/01	15000

図1-29 データ型を個別に指定

固定長ファイルではヘッダーがないことが多いので、列名を自分で設定します。それぞれの列をクリックした後、「変換」タブの「名前の変更」で名前を変更してください。

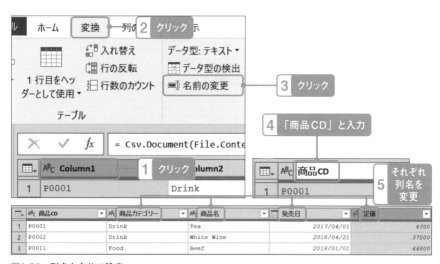

▦▾	AᴮC 商品CD ▾	AᴮC 商品カテゴリー ▾	AᴮC 商品名 ▾	▦ 発売日 ▾	1²₃ 定価 ▾
1	P0001	Drink	Tea	2017/04/01	6700
2	P0002	Drink	White Wine	2018/04/21	37500
3	P0011	Food	Beef	2018/01/01	44800

図1-30 列名を自分で設定

固定長ファイルでは各データの末尾はスペースで埋められています。「商品カテゴリー」のDrinkをクリックしてセルを選択すると、画面下部に表示されるテキストの末尾に不要なスペースが存在することが確認できます。

図1-31　Drinkの後に不要なスペースが存在する

　これら余分なスペースを削除するため「商品カテゴリー」と「商品名」列を選択し、トリミングを行います。

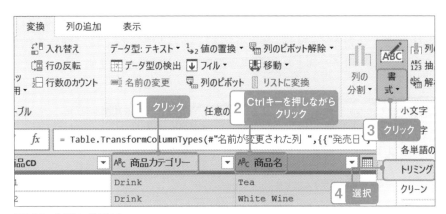

図1-32　トリミングを行う

　末尾の無駄なスペースを削除できました。これで完成です。

◎Csv.Document関数の固定長ファイル設定

「ソース」ステップの数式を確認します。

```
= Csv.Document(File.Contents("ファイルパス"),5,{0,5,15,30,38},
ExtraValues.Ignore,932)
```

今回もCSVファイルと同じ**CSV.Document**関数が登場しますが、引数が異なります。CSVファイルの取り込みでは、[ ]で区切られた中に**Delimiter, Columns, Encoding, QuoteStyle**といった引数に値を直接指定していました。

これに対して、固定長ファイルでは、引数の順番で指定しています。**File. Contents(…)**の後ろの第2引数は列数（**Columns**）で5列が指定されています。次の第3引数にはそれぞれの列の開始位置（**Delimiter**）がリスト型データの{ }の中に並んでいます。リスト型データでは連続した複数の値を指定できるので、ここでは{0, 5, 15, 30, 38}という5つのデータの開始位置を指定しています。

半角と全角が混在する固定長ファイルの読み込み

半角文字と全角文字が混在する固定長ファイルの読み込みです。ただし、「商品CD」と「発売日」、「定価」は半角文字、「商品カテゴリー」と「商品名」は全角文字というように列ごとにどちらか使う文字が決まっています。

```
P0001飲料    お茶           2017040100006700
P0002飲料    高級白ワイン    2018042100037500
P0011食料品  ビーフ         2018010100044800
P0021菓子    ショートケーキ  2019123100043200
P0029雑貨    ペーパータオル  2020100100015000
```

図1-33　半角と全角が混在する固定長ファイルの読み込み

◎固定長ファイルの読み込みと列の分割

「テキストまたはCSVから」で、「商品マスタ_固定長_半角全角.txt」をインポートします。

プレビューを確認すると、今回は「区切り記号」を選択するドロップダウンリストはなく、すべてが1列に集約されています。全角文字と半角文字が混在していることから、パワークエリが固定長ファイルだと認識できなかったためです。このまま「データの変換」でエディターに進みます。

商品マスタ_固定長_半角全角.txt

元のファイル

932: 日本語 (シフト JIS)

	Column1	
P0001飲料	お茶	2017040100006700
P0002飲料	高級白ワイン	2018042100037500
P0011食料品	ビーフ	2018010100044800
P0021菓子	ショートケーキ	2019123100043200
P0029雑貨	ペーパータオル	2020100100015000

図1-34　商品マスタ_固定長_半角全角.txt

	ABC Column1		
1	P0001飲料	お茶	...
2	P0002飲料	高級白ワイン	...
3	P0011食料品	ビーフ	...
4	P0021菓子	ショートケーキ	...
5	P0029雑貨	ペーパータオル	...

図1-35　1列に集約されている

　「Column1」を選択し、「列の分割」で「位置」を選択します。

図1-36　「列の分割」で「位置」を選択

　「位置による列の分割」の「位置」には、それぞれのデータの開始位置を入力します。

図1-37　データの開始位置を入力

これでデータを分割することができました。

	Aᴮ꜀ Column1.1	Aᴮ꜀ Column1.2	Aᴮ꜀ Column1.3	1²₃ Column1.4	1²₃ Column1.5
1	P0001	飲料	お茶	20170401	6700
2	P0002	飲料	高級白ワイン	20180421	37500
3	P0011	食料品	ビーフ	20180101	44800
4	P0021	菓子	ショートケーキ	20191231	43200
5	P0029	雑貨	ペーパータオル	20201001	15000

図1-38　区切り位置で分割できた

　ここから先は半角固定長ファイルと同様に、列名の変更、データ型の変換、テキストデータのトリミングをして完成です。

◎「ソース」ステップの確認

　「ソース」ステップを確認すると、半角固定長ファイルと同じ手順でファイルを読み込んだにもかかわらず、**Csv.Document**関数は使われていません。

```
= Table.FromColumns({Lines.FromBinary(File.Contents("ファ
イルパス"), null, null, 932)})
```

　そのため、今回は「列の分割」の「位置」で別途列を分割しました。

3 Excelブックの読み込み

　Excelブックはテキストファイルと異なり、1つのファイルに複数のシートがあるので、読み込むシートを指定する必要があります。

Excelブックの1シートの読み込み

　Excelブックの中の1枚のシートを読み込むシナリオです。

	A	B	C	D	E	F
1	日付	商品ID	顧客ID	支店ID	販売単価	販売数量
2	2016/4/1	P0002	C0007	B002	36800	11
3	2016/4/3	P0014	C0006	B002	19500	9
4	2016/4/3	P0013	C0026	B005	46200	10
5	2016/4/5	P0033	C0004	B004	8200	8
6	2016/4/5	P0024	C0030	B005	44200	18

201604　201605　201606　⊕

	A	B	C	D	E	F
1	日付 ▼	商品ID ▼	顧客ID ▼	支店ID ▼	販売単価 ▼	販売数量 ▼
2	2016/4/1	P0002	C0007	B002	36800	11
3	2016/4/3	P0014	C0006	B002	19500	9
4	2016/4/3	P0013	C0026	B005	46200	10

図1-39　Excelブックの1シートの読み込み

◎「ブックから」で読み込み、シートを選択

　Excelブックの読み込みは、「データの取得→ファイルから」の「ブックから」で始まります。「Excelブック」フォルダーの「3か月_売上明細.xlsx」を選択し、インポートします。

図1-40 「3か月_売上明細.xlsx」をインポート

「ナビゲーター」画面にはシートの一覧が表示されるので、読み込むシートを1つ選択し、「データの変換」を押します。

図1-41 Excelブックの1シートを選択

シート内のデータが読み込まれます。

	日付	商品ID	顧客ID	支店ID	販売単価	販売数量
1	2016/04/01	P0002	C0007	B002	36800	
2	2016/04/03	P0014	C0006	B002	19500	
3	2016/04/03	P0013	C0026	B005	46200	

図1-42 シート内のデータが読み込まれる

◎Excelシートまでのナビゲーション

「ソース」ステップの数式を確認します。

今回は、**File.Contents**関数の結果を**Excel.Workbook**関数の第1引数に渡し、パワークエリが取り込める形に変換しています。

```
= Excel.Workbook(File.Contents("ファイルパス"), null, true)
```

「ソース」ステップのプレビューを確認すると、この段階では「201604」シートだけでなくブック内すべてのシートが表示されています。

	AB_C Name	Data	AB_C Item	AB_C Kind	Hidden
1	201604	Table	201604	Sheet	FALSE
2	201605	Table	201605	Sheet	FALSE
3	201606	Table	201606	Sheet	FALSE

図1-43　ブック内のすべてのシートが表示されている

Data列の「Table」の文字は緑色になっており、その中にサブテーブルがあることを示しています。テーブルの中身を確認するため、「Data」列の「Table」の文字の隣をクリックします。

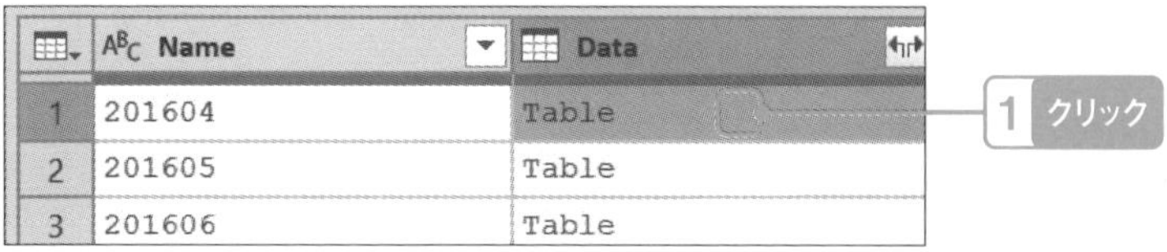

	AB_C Name	Data	
1	201604	Table	1 クリック
2	201605	Table	
3	201606	Table	

図1-44　緑色の文字はサブテーブル

画面下のプレビューで、それぞれのシートの中身が表示されます。

Column1	Column2	Column3	Column4	Column5	Column6
日付	商品ID	顧客ID	支店ID	販売単価	販売数量
2016/04/01	P0002	C0007	B002	36800	11
2016/04/03	P0014	C0006	B002	19500	9
2016/04/03	P0013	C0026	B005	46200	10

図1-45　テーブル型「Data」の中身のプレビュー

次に、「ナビゲーション」ステップの数式を確認します。

```
= ソース{[Item="201604",Kind="Sheet"]}[Data]
```

「ソース」は先ほど確認したシート一覧のことです。その隣の{[Item=
"201604",Kind="Sheet"]}では、Itemが「201604」、Kindが「Sheet」である行
を選択しています。次の[Data]では「Data」列を指定しています。この2つの指
定により、行と列が特定されたので、その中へとドリルダウンしていきます。

Excelブックの複数シートを1つのテーブルに読み込む

フォーマットが共通の複数のシートをまとめて読み込みます。

◎1つのシートを読み込んでから広げる

1シートの読み込みと同じく、「データの取得→ファイルから」の「ブックから」
で「Excelブック」フォルダーの「3か月_売上明細.xlsx」をインポートします。
「ナビゲーター」画面では、どれでもよいのでシートを1つ選択し、次へ進み
ます。今回は「201604」シートを選択し、「データの変換」をクリックします。

図1-46　まずシートを1つ読み込む

なお、ここで「複数のアイテムの選択」にチェックを入れると、複数のシー
トを一度に選択できますが、それぞれ別なクエリとして読み込まれてしまいます。

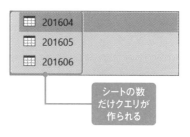

図1-47 「複数のアイテムの選択」

「201604」シートが読み込まれます。

	日付	AᴮC 商品ID	AᴮC 顧客ID	AᴮC 支店ID	1²³ 販売単価	1²³ 販売数量
1	2016/04/01	P0002	C0007	B002	36800	
2	2016/04/03	P0014	C0006	B002	19500	
3	2016/04/03	P0013	C0026	B005	46200	

図1-48 シートのデータが読み込まれる

次に、「適用したステップ」から「変更された型」、「昇格されたヘッダー数」、「ナビゲーション」を削除し、「ソース」ステップだけ残します。

	AᴮC Name	Data	AᴮC Item	AᴮC Kind	Hidden
1	201604	Table	201604	Sheet	FALSE
2	201605	Table	201605	Sheet	FALSE
3	201606	Table	201606	Sheet	FALSE

図1-49 「ソース」ステップだけを残し、全シートの一覧が表示する

「Data」列右上の展開をクリックし、そのまま「OK」をクリックします。

図1-50　「Data」列を展開

Data列のテーブルが展開されます。今回は「201604」「201605」「201606」の
すべてのシートのデータが含まれています。

Name	Data.Column1	Data.Column2	Data.Column3	Data.Column4	Data.Column5
1 201604	日付	商品ID	顧客ID	支店ID	販売単価
2 201604	2016/04/01	P0002	C0007	B002	
3 201604	2016/04/03	P0014	C0006	B002	
4 201604	2016/04/03	P0013	C0026	B005	

図1-51　すべてのシートのデータが含まれている

ここから不要な列、行を削除していきます。「Data.Column1」列から「Data.
Column6」列が選択されているので、そのまま「他の列の削除」を実行します。

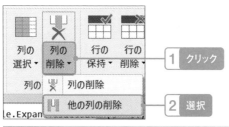

図1-52 「他の列の削除」を実行

次に、「1行目をヘッダーとして使用」で列名を設定します。

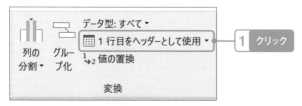

図1-53 1行目を項目名に昇格

「201605」「201606」シートの列名の行を取り除きます。

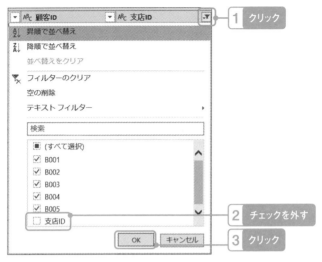

図1-54　項目名の行をフィルターで取り除く

最後にデータ型を変更して完成です。

1 日付型に変更					2 整数型に変更		3 整数型に変更	
🗓 日付	▾ ᴬᵇᶜ 商品ID	▾ ᴬᵇᶜ 顧客ID	▾ ᴬᵇᶜ 支店ID	▾	¹²₃ 販売単価	▾	¹²₃ 販売数量	
1	2016/04/01	P0002	C0007	B002		36800		
2	2016/04/03	P0014	C0006	B002		19500		
3	2016/04/03	P0013	C0026	B005		46200		

図1-55　データ型をそれぞれ変更

同じExcelブック内のテーブルの読み込み（マスタ・データと結合）

外部にあるデータではなく、同じExcelブック内の他テーブルを取り込みます。

例えば、Excelブック内に簡易的なマスタ・データを用意し、それを外部から読み込んだファイルと結合するケースで使います。このときマスタ・データは結合専用なので、読み込み先を「接続の作成のみ」にするのがポイントです。

また、Excel内の表を読み込むときには、事前に「テーブル」を作る方法と作らない方法があります。今回は両方の手順を紹介しますが、後の管理のため必ず「テーブル」に変換しておくことをおすすめします。

◎表の範囲からクエリに読み込む

「Excelブック」フォルダーの「売上明細と商品マスタ.xlsx」を開き、「商品マスタ」シートの表のセルにカーソルを置いて「データ」タブの「テーブルまたは範囲から」をクリックします。このとき、必ず1つだけのセルを選択してください。複数のセルを同時に選択すると誤った範囲がテーブルになります。

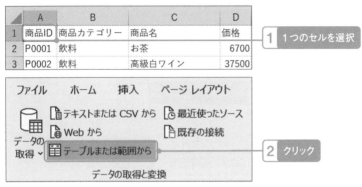

図1-56　「テーブルまたは範囲から」をクリック

自動的に表全体が選択されるので、「テーブルの作成」で「先頭行をテーブルの見出しとして使用する」にチェックが入っているのを確認して「OK」をクリックします。このとき自動的に「テーブル」が作成されます。

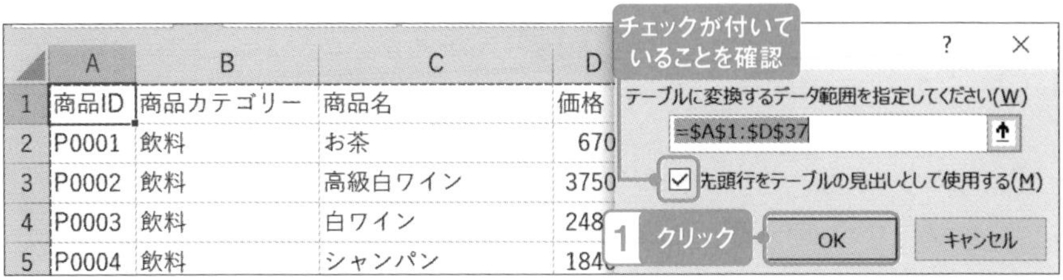

図1-57　自動的に「テーブル」が作成される

Power Queryエディターが開きます。

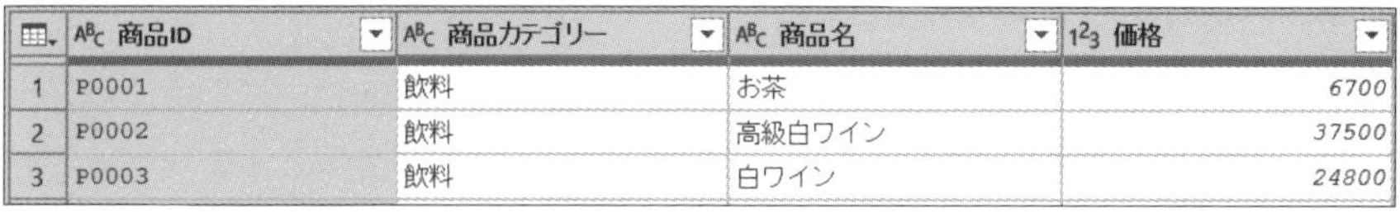

	ABC 商品ID	▼	ABC 商品カテゴリー	▼	ABC 商品名	▼	1²3 価格	▼
1	P0001		飲料		お茶		6700	
2	P0002		飲料		高級白ワイン		37500	
3	P0003		飲料		白ワイン		24800	

図1-58　エディターが開く

「クエリの設定」で名前を「商品マスタ」に変更します。

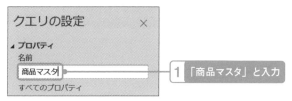

図1-59　「商品マスタ」に変更

「閉じて読み込む」から、「閉じて次に読み込む…」を選択します。

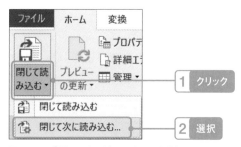

図1-60　「閉じて次に読み込む…」を選択

「データのインポート」画面が現れたら「接続の作成のみ」を選択します。

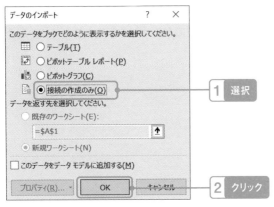

図1-61　「接続の作成のみ」にチェック

「商品マスタ」クエリが「接続専用」として作成されます。

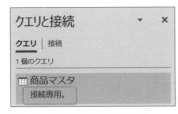

図1-62　「接続専用」として作成

　先ほど「テーブルまたは範囲から」をクリックしたときに選択した表はテーブルに自動変換されています。

　「テーブルデザイン」タブでテーブル名を確認すると「テーブル1」という名前です。

	A	B	C	D
1	商品ID	商品カテゴリー	商品名	価格
2	P0001	飲料	お茶	6700
3	P0002	飲料	高級白ワイン	37500
4	P0003	飲料	白ワイン	24800

図1-63　「ワークシートテーブル」に自動変換

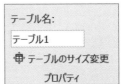

図1-64　テーブル名を確認

◎ワークシートテーブルからクエリに読み込む

「売上明細」シートに移動し、同じように表のどこか1つのセルにカーソルを置きます。

	A	B	C
1	日付	商品ID	販売数量
2	2016/4/1	P0002	11
3	2016/4/3	P0014	9
4	2016/4/3	P0013	10

図1-65　「売上明細」シート

今度は手順を変えて、「挿入」タブから「テーブル」をクリックします。

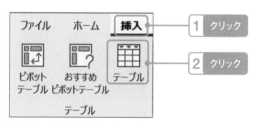

図1-66　「挿入」タブの「テーブル」

「テーブルの作成」が表示されるので「OK」をクリックします。

図1-67　「テーブルの作成」ダイアログボックス

ワークシートテーブルに変換されました。

「テーブル デザイン」タブに移動し、テーブル名を「売上明細」に変更します。

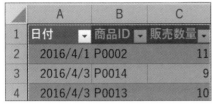

図1-68　ワークシートテーブルに変換

図1-69　テーブル名を「売上明細」に変更

「売上明細」テーブルにカーソルを置いたまま、「データ」タブの「テーブルまたは範囲から」をクリックし、データを読み込みます。今回は既にテーブル化されているので、テーブルに変換するためのダイアログボックスは表示されません。

⊞▾	🕘 日付	▾	ᴬᴮC 商品ID	▾	1²₃ 販売数量	▾
1	2016/04/01 0:00:00		P0002			11
2	2016/04/03 0:00:00		P0014			9
3	2016/04/03 0:00:00		P0013			10

図1-70　データを読み込む

「ホーム」タブの「クエリのマージ」をクリックします。

図1-71　「クエリのマージ」をクリック

「マージ」画面が表示されるので、先ほど作成した「商品マスタ」クエリと「商品ID」を照合列としてマージします。

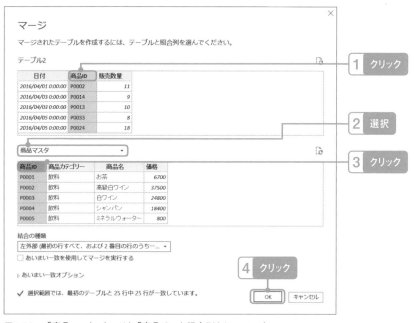

図1-72 「商品マスタ」クエリと「商品ID」を照合列としてマージ

右端にテーブル型の「商品マスタ」列が追加されました。

	日付	ABC 商品ID	1²3 販売数量	商品マスタ
1	2016/04/01 0:00:00	P0002	11	Table
2	2016/04/03 0:00:00	P0014	9	Table
3	2016/04/03 0:00:00	P0013	10	Table

図1-73 テーブル型の「商品マスタ」列

「商品マスタ」列を展開し、「商品ID」と「元の列名をプレフィックスとして使用します」のチェックを外し、「OK」をクリックします。

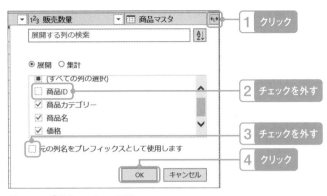

図1-74 「商品マスタ」の展開

これで商品マスタの必要な列を追加することができました。

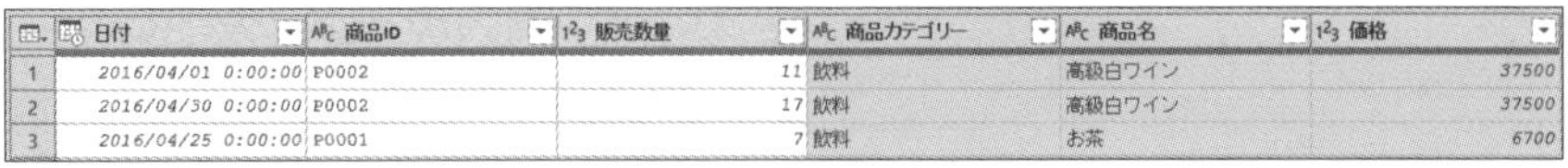

	日付	商品ID	販売数量	商品カテゴリー	商品名	価格
1	2016/04/01 0:00:00	P0002	11	飲料	高級白ワイン	37500
2	2016/04/30 0:00:00	P0002	17	飲料	高級白ワイン	37500
3	2016/04/25 0:00:00	P0001	7	飲料	お茶	6700

図1-75 必要な列が追加された

「クエリの設定」から名前を「売上明細マスタ結合」に変更し、「閉じて読み込む」を実行して完成です。

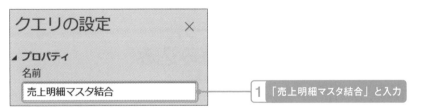

図1-76 名前を「売上明細マスタ結合」に変更

◎ワークシートテーブルは、Excel.CurrentWorkbook関数で読む

「売上明細マスタ結合」クエリの「ソース」ステップの数式を確認します。

```
= Excel.CurrentWorkbook(){[Name="売上明細"]}[Content]
```

Excel.CurrentWorkbook関数は引数を取らず、今、開いているExcelブック自体のテーブル一覧を取得します。試しに、数式バーで行と列を指定している部分を削除してみてください。

```
= Excel.CurrentWorkbook()
```

	ABC123 Content	ABC Name
1	Table	売上明細マスタ結合
2	Table	売上明細
3	Table	テーブル1

図1-77　Excelブックのテーブル一覧が表示される

　これがExcelブック上のすべてのテーブルです。これらのテーブル一覧の中からNameが「売上明細」である行の「Content」列へとナビゲーションしています。

4　「空のクエリ」を使ったPDFファイルの読み込み

　最新のExcelでは「データの取得」→「ファイルから」→「PDFから」で直接PDFファイルを読み込むことができますが、今回はパワークエリの仕組みを理解するために「空のクエリ」からPDFを読み込みます。

1枚のPDF請求書ファイルの読み込み

以下のような1枚のPDF請求書ファイルを読み込むシナリオです。

請求書

発行日　2020/6/12
請求書番号 GOD2020061201

株式会社　モダンエクセル御中

神Excel株式会社

商品CD	商品名	単価	数量	価格
P0022	アイスクリーム	200	20	4,000
P0025	チョコレート	200	18	3,600
P0023	プリン	150	9	1,350
P0024	マカロン	300	4	1,200
P0006	ウィスキー	3,000	4	12,000
P0001	お茶	150	3	450
P0007	高級赤ワイン	5,000	2	10,000
P0027	カップケーキ	500	4	2,000
P0003	白ワイン	2,500	1	2,500

合計	37,100

	A	B	C	D	E
1	Column1	Column2	Column3	Column4	Column5
2		請求書			
3				発行日	2020/6/12
4					請求書番号GOD2020061201
5	株式会社	モダンエクセル御中			
6					神Excel株式会社
7	商品CD	商品名	単価	数量	価格
8	P0022	アイスクリーム	200	20	4,000
9	P0025	チョコレート	200	18	3,600
10	P0023	プリン	150	9	1,350
11	P0024	マカロン	300	4	1,200
12	P0006	ウィスキー	3,000	4	12,000
13	P0001	お茶	150	3	450
14	P0007	高級赤ワイン	5,000	2	10,000
15	P0027	カップケーキ	500	4	2,000
16	P0003	白ワイン	2,500	1	2,500
17				合計	37,100

図1-78　PDF請求書ファイルの読み込み

◎File.Contents関数でPDFファイルに接続

まず取り込み対象のPDFのファイルパスを取得します。

「PDF」フォルダーの「請求書PDF_東京.pdf」ファイルのパスを取得します。

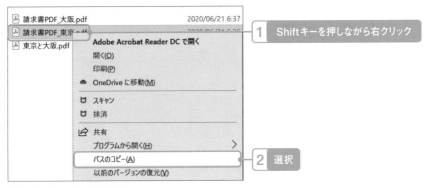

図1-79　ファイルパスを取得

新規のExcelブックを開き、「データの取得」から「空のクエリ」を開きます。

図1-80　「空のクエリ」を開く

　数式バーに以下の数式を入力します。このとき、「パスのコピー」で取得した
ファイルパスを貼り付けます。

```
= File.Contents("C:\パワークエリ\1.データソース\PDF\請求書PDF_
東京.pdf")
```

| ✕ | ✓ | fx | `= File.Contents("C:\パワークエリ\1.データソース\PDF\請求書PDF_東京.pdf")` |

図1-81 ファイルパスを貼り付け

プレビューにPDFファイルがアイコンで表示されます。この段階ではPDFファイルはバイナリ型のファイルなので、そのままではパワークエリは読み込めません。

※パワークエリのバージョンによっては、このあと一気にPDFファイルの構成要素の表示まで進むことがあります。その場合は、「◎読み込み対象へとナビゲーション」へ進んでください。

請求書PDF_東京.pdf
230267 バイト

図1-82 PDFファイルがアイコンで表示される

◎Pdf.Tables関数でPDFファイルを変換

数式バー左の「fx」をクリックして新しいステップを追加します。

図1-83 新しいステップを追加

「適用したステップ」に「カスタム1」というステップが追加されます。

図1-84 「カスタム1」ステップ

　同時に数式バーに「ソース」と表示されます。これはPDFファイルの場所を指定した直前の「ソース」ステップのことです。この段階では「=」でそのまま参照しているので、プレビューは直前の「ソース」ステップと同じ内容です。

図1-85 「ソース」は直前のステップを参照

　数式バーにカーソルを移動し、**Pdf.Tables**関数で「ソース」を指定し、「ソース」のデータをPDF形式に変換します。
　※この関数は比較的新しいため、古いバージョンのExcelでは対応していないことがあります。対応している関数はP.235の「#shared」を使って確認できます。

```
= Pdf.Tables(ソース)
```

図1-86 Pdf.Tables関数で「ソース」を変換

　PDFファイルの構成要素が一覧で表示されます。

	^{ABC} Id	^{ABC} Name	^{ABC} Kind	Data
1	Page001	Page001	Page	Table
2	Table001	Table001 (Page 1)	Table	Table
3	Table002	Table002 (Page 1)	Table	Table

図1-87 構成要素が一覧で表示される

◎読み込み対象へとナビゲーション

PDFファイルの構成要素の中身を確認します。Data列のセルの緑色のTableという文字の隣をクリックして、画面下部のプレビューを確認します。

	ABC Id	ABC Name	ABC Kind	Data	
1	Page001	Page001	Page	Table クリック	
2	Table001	Table001 (Page 1)	Table	Table	
3	Table002	Table002 (Page 1)	Table	Table	

図1-88　Data列のセルの緑色のTableという文字の隣をクリック

Column1	Column2	Column3	Column4	Column5
null	請求書	null	null	null
null	null	null	発行日	2020/6/12
null	null	null	null	請求書番号GOD2020061
株式会社	モダンエクセル社	null	null	null

図1-89　「Page001」のプレビュー（PDFのレイアウトのまま）

Column1	Column2	Column3	Column4	Column5
商品CD	商品名	単価	数量	価格
P0022	アイスクリーム	200	20	4,000
P0025	チョコレート	200	18	3,600
P0023	プリン	150	9	1,350

図1-90　「Table001」のDataプレビュー（明細表）

Column1	Column2
合計	37,100

図1-91　「Table002」のDataプレビュー（合計のみ）

このようにデータの中身をプレビューで確認してから、どのデータを読み込むかを決めます。今回は1行目の「Page001」を使用します。

1行目のID：Page001のDataの緑色の「Table」の文字をクリックし、サブテーブルにドリルダウンします。

	ABC Id	▼	ABC Name	▼	ABC Kind	▼	Ⅲ Data	
1	Page001		Page001		Page		Table	1 クリック
2	Table001		Table001 (Page 1)		Table		Table	
3	Table002		Table002 (Page 1)		Table		Table	

図1-92 サブテーブルにドリルダウン

これで対象のデータにドリルダウンできました。

	ABC Column1	▼	ABC Column2	▼	ABC Column3	▼	ABC Column4	▼	ABC Column5	▼
1		null	請求書			null		null		null
2		null		null		null	発行日		2020/6/12	
3		null		null		null		null	請求書番号GOD20200612...	
4	株式会社		モダンエクセル御中			null		null		null
5		null		null		null		null	神Excel株式会社	
6	商品CD		商品名		単価		数量		価格	
7	P0022		アイスクリーム		200		20		4,000	

図1-93 対象のデータにドリルダウンできた

このまま「閉じて読み込む」を実行します。

5 Webからの読み込み

　パワークエリでWEBサイトにある情報を読み込むと、データを手作業でダウンロードすることなく、クエリの更新を行うだけで最新情報を取得できます。特にWebデータを元にしたレポートの定点観測という意味においてこのメリットは計り知れません。

　Webからデータを読み込むケースには大きく分けて2つのパターンがあります。

・WebサイトのHTMLテーブルから読み込む
・Webサイトにアップされたファイル（CSV、PDFなど）を読み込む

Web上のHTMLテーブルの読み込み

今回は、Wikipediaのサイト（https://ja.wikipedia.org/wiki/日本の市の人口順位）の情報を読み込みます。

図1-94　Web上のテーブルの読み込み

◎「Webから」でサイトのHTMLテーブルに接続

新規のExcelブックを開き、「データ」タブの「Webから」をクリックし、URLに対象のサイトのURLを入力します。

```
https://ja.wikipedia.org/wiki/日本の市の人口順位
```

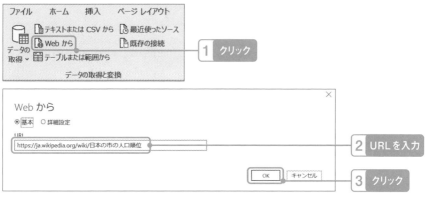

図1-95　対象のサイトのURLを入力

　Webコンテンツへのアクセス方法を聞かれた場合、今回は認証を伴わない通常のサイトなので「匿名」で接続します。

図1-96　Webコンテンツへのアクセス方法

　「ナビゲーター」画面が現れます。左側のDocument、Table 0,1,2をクリックすると、右側にプレビューが表示されます。今回は「Table 1」を選択します。

図1-97 「Table 1」を選択

1 選択して「データの変換」をクリック

Power Queryエディターに移動すると、「Table 1」の中身が表示されます。

#	順位	都道府県	市(区)	法定人口(人)	推計人口(人)	増減率(%)
1	順位	都道府県	市(区)	法定人口(人)	推計人口(人)	増減率(%)
2	0	東京都	特別区部	9,272,740	9,696,631	+4.57
3	1	神奈川県	横浜市	3,724,844	3,760,467	+0.96
4	2	大阪府	大阪市	2,691,185	2,750,868	+2.22

図1-98 Table 1の中身

既に列名があるので、1行目のヘッダー情報は削除します。

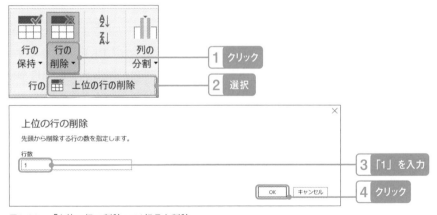

図1-99 「上位の行の削除」で1行目を削除

	ABC 順位	▼	ABC 都道府県	▼	ABC 市(区)	▼	ABC 法定人口(人)	▼
1	0		東京都		特別区部		9,272,740	
2	1		神奈川県		横浜市		3,724,844	
3	2		大阪府		大阪市		2,691,185	

図1-100　余計なヘッダー情報が削除された

列のデータ型を変更して完成です。

「整数」型に	「整数」型に	「10進数」型に		日付型に

1²₃ 法定人口(人)	▼	1²₃ 推計人口(人)	▼	1.2 増減率(%)	▼	ABC 種別	▼	推計人口の 統計年...	▼
9272740		9696631		4.57	特別区部			2020/05/01	
3724844		3760467		0.96	政令指定都市			2020/05/01	
2691185		2750868		2.22	政令指定都市			2020/05/01	

図1-101　データ型を変更

◎Web.Contents関数とWeb.Page関数

「ソース」ステップの数式を確認します。

```
= Web.Page(Web.Contents("URL"))
```

　ファイルの場所を指定したときは**File.Contents**関数を使用しましたが、Web上のデータにアクセスする場合は**Web.Contents**関数でURLを指定します。**Web.Contents**関数で取得したデータを**Web.Page**関数でWebサイトのHTML構成要素に変換しています。**Web.Page**関数の結果は以下のようにテーブル形式となるので、ここから対象のテーブルにドリルダウンでナビゲートしています。

	ABC Caption	▼	ABC Source	▼	ABC ClassName	▼	ABC Id	▼	Data	
1		null	Table		wikitable sortable			null	Table	
2		null	Table		wikitable sortable			null	Table	
3		null	Table		nowraplinks collapsible aut...			null	Table	
4	Document		Service			null		null	Table	

図1-102　Web.Pageの関数の結果

Web上のCSVファイルの読み込み

　Webサイト上で公開されているcsvファイルの読み込みのシナリオです。Web上で公開されているファイルがいつも同じ名前で更新されていれば、ボタン1つで更新できるので、ピボットテーブルやピボットグラフと組み合わせて使うととても便利です。

　今回は以下のサイトのCSVデータを使用します。

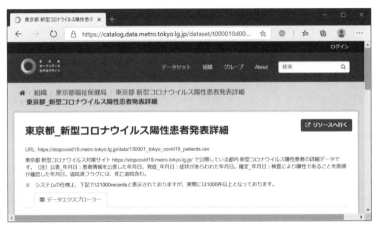

図1-103　csvデータを使用するWebサイト

◎「Webから」でcsvファイルのパスを指定

　新規のExcelブックを開き、「データ」タブの「Webから」で対象となるWebサイトのCSVファイルのURLを入力します。

```
https://stopcovid19.metro.tokyo.lg.jp/data/130001_tokyo_
covid19_patients.csv
```

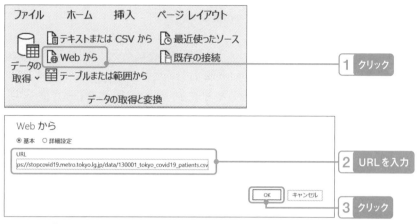

図1-104 「Webから」でURLを入力

　プレビュー画面でファイルの中身が表示されますが、このときの動作は通常のCSVファイルの読み込みと同じです。「データの変換」を押して次に進み、「閉じて読み込む」を実行します。

	A	B	C	D	E	F
1	No	全国地方公共団体コード	都道府県名	市区町村名	公表_年月日	曜日
2	1	130001	東京都		2020/1/24	金
3	2	130001	東京都		2020/1/25	土
4	3	130001	東京都		2020/1/30	木

図1-105 「閉じて読み込む」

　翌日以降データが更新されたら、「クエリと接続」ペインでクエリの更新ボタンをクリックすることで最新のデータに更新することができます。

図1-106 最新のデータに更新

◎Web上のファイルでもCsv.Document関数

「ソース」ステップの数式を確認します。

```
= Csv.Document(Web.Contents("URL"),[Delimiter=",",
Columns=16, Encoding=65001, QuoteStyle=QuoteStyle.None])
```

　外側の**Csv.Document**関数部分は通常のCSVファイルの読み込みと全く同じですが、第1引数に、**File.Contents**関数ではなく**Web.Contents**関数が登場している点が異なります。

　今回はCSVファイルを対象とした例でしたが、ExcelファイルでもPDFファイルでも同じで、まず**Web.Contents**関数でデータにアクセスし、それぞれのファイル形式にふさわしい関数でデータを変換します。

6 データベースからの読み込み

　パワークエリはACCESSやSQL Serverなどのデータベースからもデータを読み込むことができます。データベースから読み込むときは、データベース専用の関数を使ってデータベースにアクセスした後、テーブルやクエリといったオブジェクトを選択します。列名やデータ型はデータベースで既に決められているため、改めて設定する必要はありません。

╱ ACCESSデータベースの読み込み

　ACCESSのテーブルを読み込みます。

◎「**データベースから**」でデータベースの種類を選ぶ

　新規のExcelブックを開き、「データの取得→データベースから」で「Microsoft Access データベースから」を選択し、「ACCESS」フォルダーの「パワークエリ.accdb」を指定してインポートします。

図1-107 ACCESSファイルを「インポート」

　ナビゲーター画面で、読み込み対象のオブジェクトを選択します。今回は「F_売上明細」テーブルを選択し、「読み込み」をクリックします。

図1-108 「Budget」テーブル

　なお、ナビゲーター画面で「複数のアイテムの選択」にチェックを入れると複数のオブジェクトを同時に取り込むことができます。その場合、それぞれ別なクエリが作成されます。

　「閉じて読み込む」を行って完成です。

	A	B	C	D	E	F	G
1	ID ▾	日付 ▾	商品ID ▾	顧客ID ▾	支店ID ▾	販売単価 ▾	販売数量 ▾
2	3	2016/4/3 0:00	P0013	C0026	B005	46200	10
3	11	2016/4/16 0:00	P0013	C0014	B003	49300	20
4	35	2016/5/26 0:00	P0013	C0014	B002	46200	1

図1-109 「閉じて読み込む」で完成

◎Access.Database関数

「ソース」ステップの数式を確認します。

```
= Access.Database(File.Contents("ファイルパス"), [CreateNav
igationProperties=true])
```

File.Contents関数でファイルにアクセスした後、それをAccess.Database関数でテーブルに変換し、次のステップで対象のデータベースオブジェクトにナビゲーションしています。

7 SharePointライブラリ／One Drive for BusinessのExcelファイルの読み込み

SharePointのドキュメントライブラリ、またはOne Drive for Business上のExcelファイルを読み込みます。

SharePointのライブラリに保存されたExcelファイルは複数人数で同時編集ができるので、各部門に予算の入力などを依頼し、その結果をパワークエリで取得するといった使い方ができます。

◎SharePoint上のファイルパスを取得

まず対象Excelブックの保存されたSharePointのドキュメントライブラリを開きます。

図1-110　SharePointのドキュメントライブラリに移動

Excelブックをブラウザー上ではなく、アプリとして開きます。

図1-111　Excelアプリで開く

Excelアプリで開いたら「ファイル」に移動します。

図1-112　ファイルに移動

「情報」からファイルパスをコピーします。

図1-113　パスのコピー

　ファイルのパスをコピーしたら、このファイルは閉じて、新規のExcelファイルを開き、「データの取得→ファイルから」で「ブックから」を選択します。

図1-114　「ブックから」を選択

　ファイルの選択で先ほど取得したファイルパスを入力します。ここでエラーが出る場合は末尾の「?web=1」を削除してください。

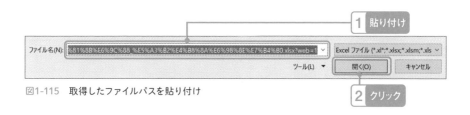

図1-115　取得したファイルパスを貼り付け

資格情報の入力を求められたら、「組織アカウント」でサインインします。

図1-116　「組織アカウント」でサインイン

　資格情報が認証されるとSharePoint上のExcelブックにアクセスできます。今回は、「201604」シートを選択します。

ナビゲーター

201604					
日付	商品ID	顧客ID	支店ID	販売単価	販売数量
2016/04/01	P0002	C0007	B002	36800	11
2016/04/03	P0014	C0006	B002	19500	9
2016/04/03	P0013	C0026	B005	46200	10
2016/04/05	P0033	C0004	B004	8200	8
2016/04/05	P0024	C0030	B005	44200	18
2016/04/07	P0014	C0009	B002	19300	8

□ 複数のアイテムの選択

表示オプション ▼

▲ https://　　　.sharepoint.com/sites/MyShar...
　　田 201604　　1　選択して「データの変換」をクリック
　　田 201605
　　田 201606

図1-117　「201604」を選択

Power Queryエディターで、「閉じて読み込む」を実行して完成です。

	A	B	C	D	E	F
1	日付	商品ID	顧客ID	支店ID	販売単価	販売数量
2	2016/4/1	P0002	C0007	B002	36800	11
3	2016/4/3	P0014	C0006	B002	19500	9
4	2016/4/3	P0013	C0026	B005	46200	10

図1-118　「閉じて読み込む」で完成

◎資格情報の注意点

「ソース」ステップの数式を確認します。

```
= Excel.Workbook(Web.Contents("URL"), null, true)
```

　読み込み先がSharePointやOne Driveであっても特段変わったことはなく、「Webから」の読み込みと同じく、対象のURLを**Web.Contents**関数で読み込み、データを**Excel.Workbook**関数で変換します。最初にSharePointやOne Driveへのサインイン資格情報を求められる点が通常のWebサイトとは異なります。

　なお、最初のサインインに失敗した後、再び同じサイトのファイルを読み込もうとすると以下のエラーメッセージが表示されて先に進めなくなることがあります。

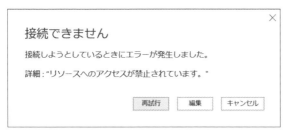

図1-119　エラーメッセージ

　この場合は、資格情報を再設定する必要があります。「データソースの設定」に移動し、「データソース設定」画面で、対象のサイトを選択し、「アクセス許可の編集」をクリックします。

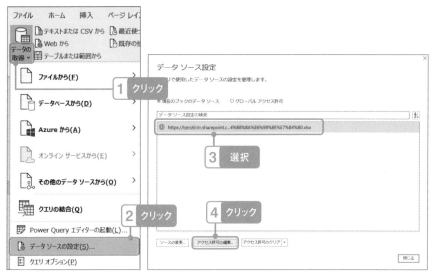

図1-120 「データソースの設定」

「アクセス許可の編集」画面が現れたら、「編集」ボタンをクリックします。

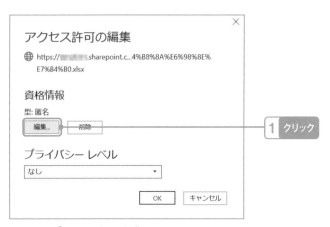

図1-121 「アクセス許可の編集」画面

ここで正しいサインイン資格情報を入力し直します。

図1-122　資格情報を入力し直し

　また、正しい資格情報が登録されていても、しばらくSharePointにサインインしていないとクエリ更新時にエラーになります。そのときはEdgeなどのMicrosoft社のブラウザでSharePointにサインインしてから、クエリの更新を行ってください。

8　複数ファイルの読み込み

　これまでのデータソースは単一のファイルを読み込むものでした。今回は複数のファイルをまとめて読み込みます。複数のファイルをまとめて読み込むパターンは共通しています。

　①対象となるファイル一覧を取得する
　②ファイルの種類に応じた関数で変換する
　③ターゲットのサブテーブルを展開する
　④繰り返されるヘッダー行の削除や、必要な情報の取得を行って整形する

　実はこれまで行ってきたファイルの読み込みの前段階に、ファイルをまとめて取得するステップが入るだけで、その後の処理は今までと同じです。

複数のCSVファイルの読み込み（Fileの結合）

一つのフォルダーに保存された複数のCSVファイルを一括で取り込みます。

	売上明細_201604.csv
	売上明細_201605.csv
	売上明細_201606.csv

```
日付, 商品ID, 顧客ID, 支店ID, 販売単価, 販売数量
2016/4/1, P0002, C0007, B002, 36800, 11
2016/4/3, P0014, C0006, B002, 19500, 9
2016/4/3, P0013, C0026, B005, 46200, 10
```

	A	B	C	D	E	F
1	日付	商品ID	顧客ID	支店ID	販売単価	販売数量
2	2016/4/1	P0002	C0007	B002	36800	11
3	2016/4/3	P0014	C0006	B002	19500	9
4	2016/4/3	P0013	C0026	B005	46200	10
5	2016/4/5	P0033	C0004	B004	8200	8
56	2016/6/26	P0003	C0014	B001	29300	4
57	2016/6/29	P0024	C0029	B002	40700	5
58	2016/6/29	P0007	C0025	B004	63600	7

図1-123　フォルダー内の複数のCSVファイルの読み込み

◎「フォルダーから」でファイルの場所を指定

　新規のExcelブックを開き、「データの取得→ファイルから」で「フォルダー
から」を選択し、「フォルダーパス」に「CSVファイル¥3か月売上」フォルダー
を指定します。

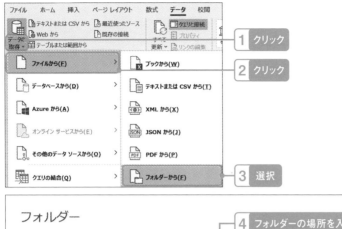

図1-124　一括取り込み対象のフォルダーを指定

　プレビューでファイル一覧が表示されますので、そのまま「データの変換」をクリックします。

　エディターでファイル一覧が表示されます。「Content」列がそれぞれのファイルの中身なので、「Fileの結合（↓↓）」をクリックします。

	Content		AᴮC Name		AᴮC Extension		Date accessed	
1	Binary		売上明細_201604.csv		.csv		2020/06/28 14:38:33	
2	Binary		売上明細_201605.csv		.csv		2020/06/28 14:38:59	
3	Binary		売上明細_201606.csv		.csv		2020/06/28 14:39:24	

図1-125　エディターでファイル一覧

　「Fileの結合」画面が表示されます。今回はCSVファイルなので、単一のCSVファイルの取り込みと同じ画面です。「OK」をクリックして次に進みます。

File の結合

各ファイルの設定を指定します。詳細情報

サンプル ファイル:

| 最初のファイル | ▼ |

元のファイル		区切り記号	
932: 日本語 (シフト JIS)	▼	コンマ	▼

日付	商品ID	顧客ID	支店ID	販売単価	販売数量
2016/4/1	P0002	C0007	B002	36800	11
2016/4/3	P0014	C0006	B002	19500	9
2016/4/3	P0013	C0026	B005	46200	10

図1-126 「Fileの結合」ダイアログボックス

それぞれのファイルが1つのテーブルとして取り込まれます。プレビューを下にスクロールさせて、4月だけでなく5月や6月のファイルも取り込まれていることを確認してください。

	ABC Source.Name	▼	日付	▼	ABC 商品ID	▼	ABC 顧客ID	▼
24	売上明細_201604.csv		2016/04/30		P0002		C0005	
25	売上明細_201604.csv		2016/04/30		P0029		C0021	
26	売上明細_201605.csv		2016/05/02		P0032		C0012	

	ABC Source.Name	▼	日付	▼	ABC 商品ID	▼	ABC 顧客ID	▼
38	売上明細_201605.csv		2016/05/30		P0030		C0021	
39	売上明細_201605.csv		2016/05/31		P0010		C0019	
40	売上明細_201606.csv		2016/06/07		P0001		C0025	
41	売上明細_201606.csv		2016/06/11		P0029		C0007	

図1-127 プレビューをスクロールして確認

最後に不要な「Source.Name」列を削除します。

図1-125 不要な列を削除

これですべてのファイルを1つのテーブルに整形できました。

⊞ ⌄	⊞ 日付	⌄	ABC 商品ID	⌄	ABC 顧客ID	⌄	ABC 支店ID	⌄
1	2016/04/01		P0002		C0007		B002	
2	2016/04/03		P0014		C0006		B002	
3	2016/04/03		P0013		C0026		B005	

図1-129　1つのテーブルに整形できた

◎Folder.Files関数について

「ソース」ステップの数式を確認します。

```
= Folder.Files("ファイルパス")
```

Folder.Files関数は指定されたフォルダーの下位のフォルダーも含むすべての
ファイルの一覧を取得します。下層のフォルダーを除外したい場合は「Folder
Path」列でフィルターをかけます。同様に他の種類のファイルが混じっている
場合は、「Extension」列で拡張子にフィルターをかけます。

また、「Fileの結合」を使うと、自動的に以下のクエリとグループを作成しま
す。

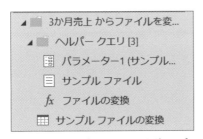

図1-130　自動作成されるクエリとグループ

これらのクエリは最初に選んだ「売上明細_201604.csv」を元に作られた一括
取り込み処理です。

複数CSVファイルの取り込み（Csv.Document関数）

所定のフォルダー内の複数のCSVファイルをまとめて取り込みますが、今回は**Csv.Document**関数を使います。

◎「フォルダーから」の後にカスタム列で式を追加

新規のExcelブックを開き、「データの取得→ファイルから」で「フォルダーから」を選択します。

フォルダーパスに「CSVファイル¥3か月売上」フォルダーを指定し、「データの変換」をクリックし、エディターを開きます。

	Content	Name	Extension	Date accessed
1	Binary	売上明細_201604.csv	.csv	2020/06/28 14:38:33
2	Binary	売上明細_201605.csv	.csv	2020/06/28 14:38:59
3	Binary	売上明細_201606.csv	.csv	2020/06/28 14:39:24

図1-131　ファイル一覧の表示

ここからが「Fileの結合」と異なります。「列の追加」タブの「カスタム列」をクリックします。

図1-132　「カスタム列」をクリック

カスタム列に以下の数式を入力し、「OK」をクリックします。

```
= Csv.Document([Content], null, ",", null, 932)
```

図1-133　数式を入力

「カスタム」としてテーブル型の列が追加されるので展開します。

図1-134　「カスタム」列を展開

「カスタム」列のテーブルが展開され、データの中身が表示されました。

	Attributes	ABC Folder Path	▼ 123 カスタム.Column1	▼ 123 カスタム.Column2	▼
1	Record	c:\パワークエリ\02.データソー…	日付	商品ID	
2	Record	c:\パワークエリ\02.データソー…	2016/4/1	P0002	
3	Record	c:\パワークエリ\02.データソー…	2016/4/3	P0014	

図1-135 「カスタム」列が展開された

「カスタム.Column1」から「カスタム.Column6」列が選択された状態のまま「他の列の削除」で不要な列を削除します。

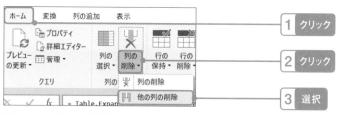

図1-136 不要な列を削除

1行目を別名に昇格します。

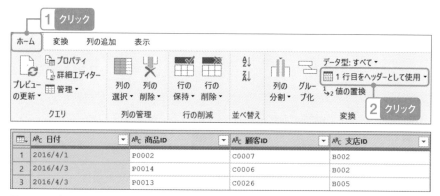

図1-137 1行目をヘッダーに

ファイルの中の不要な行を削除します。「支店ID」の右上の▼をクリックし、「支店ID」のチェックを外して「OK」をクリックします。

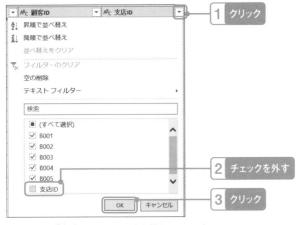

図1-138 「支店ID」のチェックを外してフィルター

最後に「販売単価」と「販売数量」列のデータ型を変更します。

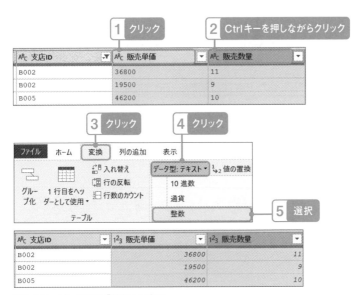

図1-139 データ型を「整数」に変更

これで完成です。

	A	B	C	D	E	F
1	日付 ▼	商品ID ▼	顧客ID ▼	支店ID ▼	販売単価 ▼	販売数量 ▼
2	2016/4/1	P0002	C0007	B002	36800	11
3	2016/4/3	P0014	C0006	B002	19500	9
4	2016/4/3	P0013	C0026	B005	46200	10

図1-140 「閉じて読み込む」を実行

◎Csv.Doccument関数と文字コード

「Fileの結合」が自動で行っている部分を手動でワンステップずつ行いました。

このアプローチは、ステップの中身が分かりやすいということと、ファイル名や最終更新日といったファイルの属性情報も再利用できるメリットがあります。

なお、カスタム列で**Csv.Document**関数を使用するときは正しい文字コードを指定しないとテキスト部分が文字化けします。

よく使われる文字コードは以下の通りです。

- ・932　　　　　　　　　　　　　　　　シフトJIS
- ・65001（またはTextEncoding.Utf8）　UTF-8

文字コードの入力が省略されたときは自動的に65001になります。

式の書き方に迷ったら、試しに1つのファイルを選んで、「テキストまたはCSVから」を行い、数式バーから式をコピーして再利用するのも良いです。その場合、第1引数を[Content]に差し替えて使用します。

ファイル一覧を使った複数のCSVファイルの読み込み

Excelブックに取り込むファイルの一覧を作成し、異なるフォルダーにあるファイルを選択的に読み込みます。

◎取り込みファイルパス一覧の作成

　Excelブックに読み込むファイルのファイルパスをまとめた表を作ります。今回は「1.データソース」の中の「データソース.xlsx」の「ファイル一覧」シートを使用します。ファイルパスは皆さんの環境に応じて、適宜修正してください。

	A
1	ファイルパス
2	C:¥パワークエリ¥1. データソース¥CSVファイル¥3か月売上¥売上明細_201604.csv
3	C:¥パワークエリ¥1. データソース¥CSVファイル¥3か月売上¥売上明細_201605.csv
4	C:¥パワークエリ¥1. データソース¥CSVファイル¥3か月売上¥売上明細_201606.csv
5	C:¥パワークエリ¥1. データソース¥CSVファイル¥4か月以降売上¥売上明細_201607.csv

図1-141　読み込みたいファイルをまとめた表

　上の表のどこかにカーソルを置いたまま、テーブルに変換します。

図1-142　テーブルに変換

　テーブル名は「ファイル一覧」にします。

図1-143　テーブル名を「ファイルパス一覧」に

テーブルにカーソルを置き、「データ」タブの「テーブルまたは範囲から」でエディターを開き、各ファイルをBinaryとして読み込みます。

▷ 「列の追加」タブ→カスタム列
▷ カスタム列の式→以下の式を入力
  = File.Contents([ファイルパス])
▷ OK

「カスタム」列が追加されたら「Fileの結合」をクリックし、そのまま「OK」をクリックします。

	ABC ファイルパス	ABC 123 カスタム	
1	c:\パワークエリ\1. データソース\CSVファイル…	Binary	
2	c:\パワークエリ\1. データソース\CSVファイル…	Binary	

1 クリック

図1-144　Fileを結合

これで完成です。

	日付	ABC 商品ID	ABC 顧客ID	ABC 支店ID
1	2016/04/01	P0002	C0007	B002
2	2016/04/03	P0014	C0006	B002
3	2016/04/03	P0013	C0026	B005

図1-145　ファイルパス一覧のデータが読み込まれた。

◎仕組みとWebへの応用

　バイナリ型のデータ取り込みとそれをCSVファイルとして変換するという2つの手順を踏みます。この点を理解しておけば、PDFファイルでもExcelファイルでも同じです。なお、今回は「Fileの結合」を使用しましたが、もちろんカスタム列でCsv.Document関数を使ってもかまいません。

Webの場合も同じようにURL一覧を使って読み込むことができます。

図1-146 URL一覧

Webの場合、カスタム列の追加の式で、**File.Contents**関数の代わりに**Web. Contents**関数を使ってバイナリファイルを取得します。

```
= Web.Contents([WEBファイル一覧])
```

9 その他のデータソース

既に作成したクエリの参照やデータソースの変更について紹介します。

既に作られたクエリを「参照」する

既存のクエリをデータソースとして参照することができます。例えば、既に売上明細を読み込むクエリがあるとき、その結果を元に別な集計用クエリを作成できると便利です。特に、元のクエリに変更が入った場合、「参照」でクエリを作っておけば参照先のクエリの修正は不要で、クエリのメンテナンス性を高めることができます。

「クエリと接続」ペインから作成済みのクエリを右クリックし、「参照」を選びます。

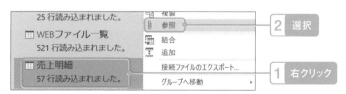

図1-147 右クリックして「参照」を選ぶ

参照先のクエリの結果がそのまま読み込まれます。

	日付	ABC 商品ID	ABC 顧客ID	ABC 支店ID
1	2016/04/01	P0002	C0007	B002
2	2016/04/03	P0014	C0006	B002
3	2016/04/03	P0013	C0026	B005

図1-148　参照されたクエリがそのまま読み込まれた

◎「参照」の仕組み

参照の「ソース」ステップの数式はいたってシンプルで、「=」で別なクエリを参照しているだけです。

```
= 売上明細
```

つまり、他のクエリを参照する場合は、そのままクエリの名前を書くだけです。ちなみにどのクエリが参照されているかは「表示」タブの「クエリの依存関係」で確認できます。

なお、今回はテーブル型のクエリを参照しましたが、テキスト型やリスト型などの他のデータ型のクエリも参照できます。

作成したクエリのデータソースを変更する

作成したクエリのデータソースが変更された場合、「データソースの設定」でデータソースの場所を変更することができます。

◎「データソースの設定」でデータの場所を変更

「データの取得」から「データソースの設定」を開きます。

テキストまたは CSV から
最近使っ
Web から
既存の接
データの取得
テーブルまたは範囲から
1 クリック
ファイルから(F)
データベースから(D)
Azure から(A)
オンライン サービスから(E)
その他のデータ ソースから(O)
クエリの結合(Q)
Power Query エディターの起動(L)...
データ ソースの設定(S)...
2 選択

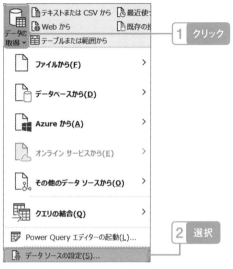

図1-149　「データソースの設定」を開く

データソースの一覧が表示されるので、変更したいデータソースを選択し、「ソースの変更」をクリックします。

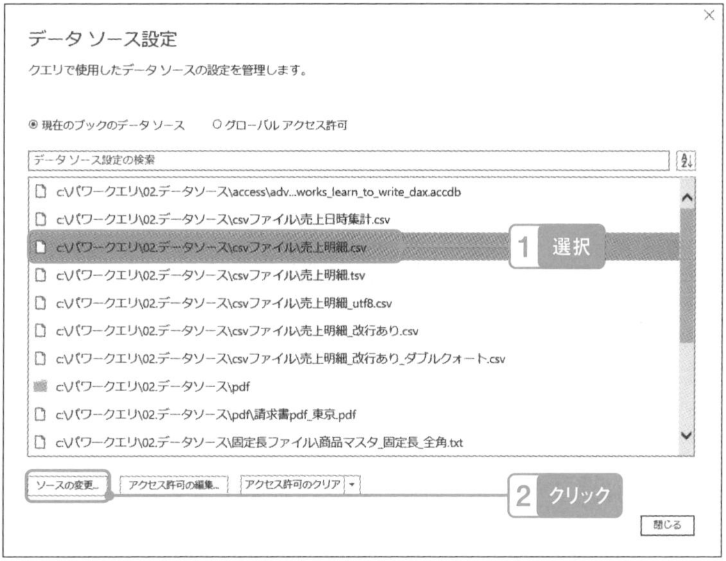

データ ソース設定
クエリで使用したデータ ソースの設定を管理します。
現在のブックのデータ ソース
グローバル アクセス許可
データ ソース設定の検索
c:\パワークエリ\02.データソース\access\adv...works_learn_to_write_dax.accdb
c:\パワークエリ\02.データソース\csvファイル\売上日時集計.csv
c:\パワークエリ\02.データソース\csvファイル\売上明細.csv
1 選択
c:\パワークエリ\02.データソース\csvファイル\売上明細.tsv
c:\パワークエリ\02.データソース\csvファイル\売上明細_utf8.csv
c:\パワークエリ\02.データソース\csvファイル\売上明細_改行あり.csv
c:\パワークエリ\02.データソース\csvファイル\売上明細_改行あり_ダブルクォート.csv
c:\パワークエリ\02.データソース\pdf
c:\パワークエリ\02.データソース\pdf\請求書pdf_東京.pdf
c:\パワークエリ\02.データソース\固定長ファイル\商品マスタ_固定長_全角.txt
ソースの変更...
アクセス許可の編集...
アクセス許可のクリア
2 クリック
閉じる

図1-150　「ソースの変更」

ファイルの選択画面が現れたら、「ファイルパス」を変更し、「OK」をクリックします。

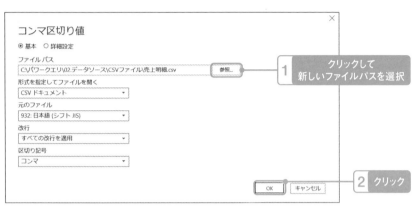

図1-151　「ファイルパス」を変更

　なお、クエリを作成するときに「空のクエリ」からで作成した場合、「データソースの設定」を使えないことがあります。その場合は、クエリの編集画面の数式バーで直接、参照先を変えます。

セキュリティの警告について

　クエリを作成したExcelブックを1回閉じた後に、再び開けると画面上部に「セキュリティの警告」メッセージが現れます。

図1-152　「セキュリティの警告」メッセージ

　「コンテンツの有効化」ボタンをクリックすれば、問題なくクエリを実行できますが、データソースが信頼できるファイルである場合や、クエリのプロパティで「ファイルを開くときにデータを更新する」の設定を有効にし、Excelファイ

ルを開くだけでデータを更新させる場合、このままでは自動的に更新されません。

クエリ プロパティ

クエリ名(N)：　商品マスタ_固定長_全角
説明(I)：

使用(G)　　定義(D)　　使用されている場所(U)

コントロールの更新
前回の更新：
☑ バックグラウンドで更新する(G)
☐ 定期的に更新する(R)　60　分ごと
☑ ファイルを開くときにデータを更新する(Q)
☐ ブックを保存する前に外部データ範囲からデータを削除する(D)

図1-153　クエリのプロパティ

その場合は、Windowsの「トラストセンター」でこの警告を非表示にします。トラストセンターは以下の手順で開きます。

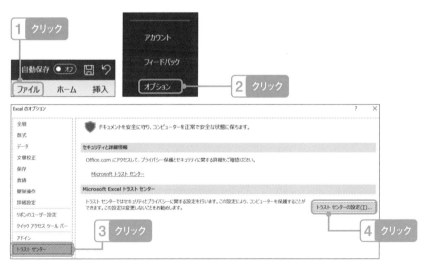

図1-154　トラストセンター

「トラスト センター」が開いたら、「信頼できる場所」を選択します。

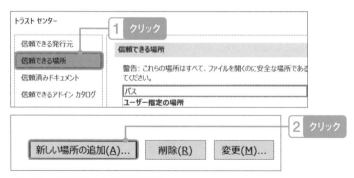

図1-155 「信頼できる場所」を選択

「信頼できる場所」の「パス」にデータソースのあるフォルダーを指定します。
このとき、「この場所のサブフォルダーも信頼する」にチェックを入れるとサブ
フォルダーも対象になります。

図1-156 データソースとなるフォルダーを指定

「信頼できる場所」に指定したパスが追加されます。

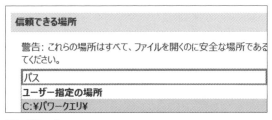

図1-157　パス

　ここまで来たら「OK」をクリックしてExcelファイルに戻ります。Excelに戻ったら、保存してファイルを閉じ、開き直してください。「セキュリティの警告」が表示されなくなります。

図1-158　「セキュリティの警告」が表示されない

［第2章］
列と行の操作

　パワークエリの作業の中心であるテーブルは横方向の「列」
縦方向の「行」の2つの軸からできています。この章はPower
Queryエディターの操作の基本となるテーブルの行と列の操
作を紹介します。

サンプルは「2. 列と行の操作」の「列と行の操作.xlsx」を使用し
ます。

アクセスキー　　**L**　(大文字のエル)

1 　列と行について

いわゆる表＝テーブルは、縦方向の「行」と横方向の「列」の2つの軸で構成されています。「行」は、社員データであれば社員の一人一人といったその**表が記録する個別の情報の単位**で、「レコード」とも呼ばれます。それに対して、「列」は、社員の名前や性別といった**1つの「行」を説明するための付加情報**のことです。

例えば、ある会社に田中一郎さんという25歳の男性と、山本香織さんという31歳の女性社員がいたとします。その場合、それらの事実を説明する社員マスタは以下のようになります。

名前	性別	年齢
田中　一郎	男性	25
山本　香織	女性	31

表2-1　社員マスタ

パワークエリはこれらの行と列を中心に、元のデータを目的に合った形に変換します。

2 　列を選択する

列の選択には、マウスを使う方法とメニューから選ぶ方法があります。

◎サンプルファイルを開く

「列の選択」から「テーブルまたは範囲から」をクリックします。

Power Queryエディターが開きます。最初は1番左側の「A」列が選択されています。

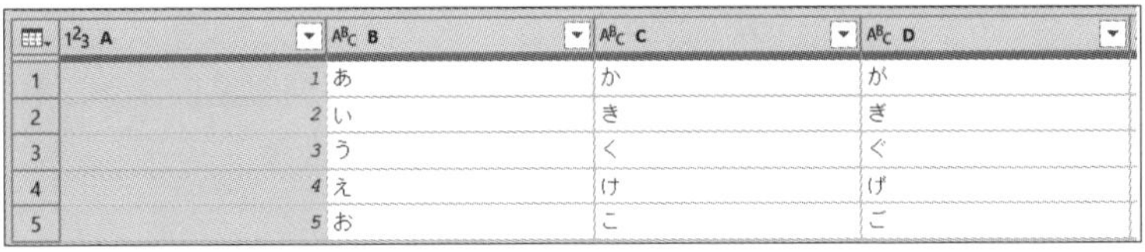

図2-1　最初はA列が選択されている

マウスを使った列の選択

マウスを使って列を選択する方法を紹介します。

◎1つの列の選択

1つの列を選択するときは列名をクリックします。

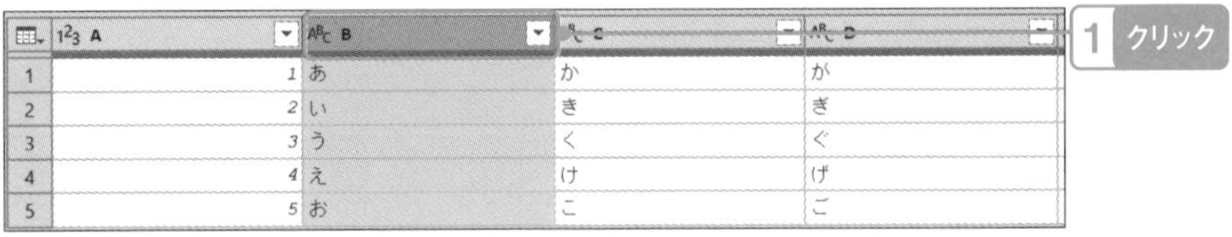

図2-2　マウスクリックで列を選択

◎連続する複数の列の選択

1つの列を選択した状態でShiftキーを押しながら他の列をクリックすると、連続した列を同時に選択できます。列をまとめて削除するときなどに使用します。

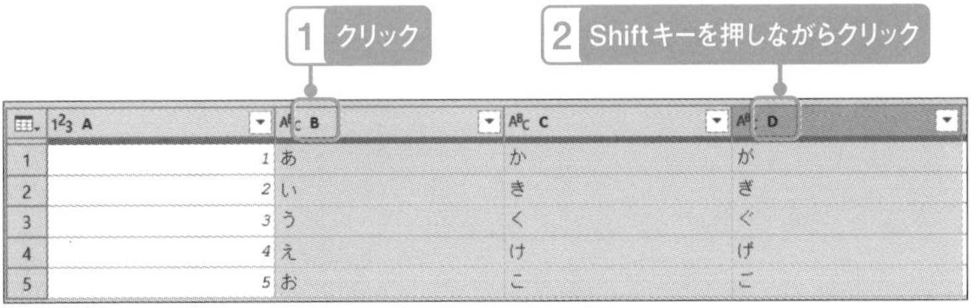

図2-3　連続した列を選択

◎とびとびの列の選択

Ctrlキーを押しながら列を選択していくこと、とびとびの列を選択できます。なお、処理によっては選択する順番が意味を持つことがあります。

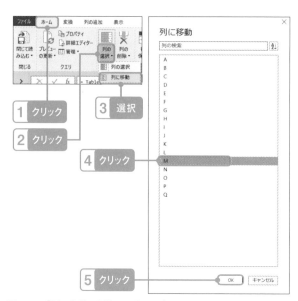

図2-4 連続していない複数の列を選択

メニューを使った列の選択

「列に移動」を使うとダイレクトに特定の列にジャンプできます。列が数多くある場合に便利な機能です。

図2-5 「列に移動」を使ってジャンプ

ABC L	ABC M
ぱ	ま
ぴ	み
ぷ	む
ぺ	め
ぽ	も

図2-6　M列にジャンプした

3　列名を変更する

データソースから取り込んだ元の列名を変更します。

列名を変更する

列名を変更するときは、列名をダブルクリックします。

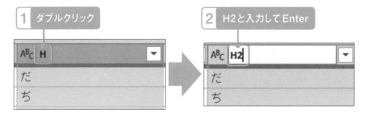

図2-7　列名をダブルクリックで変更

「変換」タブの「名前の変更」からでも列名を変えられます。

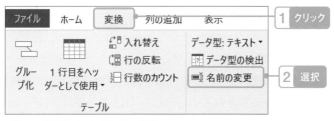

図2-8　「変換」タブの「名前の変更」

1つのテーブルに同じ列名は設定できない

パワークエリは列名を参照して加工ステップを作るため、1つのテーブルの中で同じ名前を持った列を持つことはできません。同じ名前の列名に変更しようとすると、以下のようなエラーメッセージが表示されます。

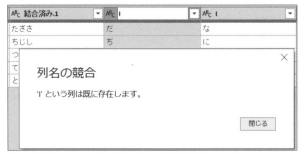

図2-9 同じ名前の列名は持てない

列名変更の数式

以下のように「H」列を「H2」に、「I」列を「I2」に列名を変更してください。

ABC H2	ABC I2
だ	な
ぢ	に

図2-10 列名を変更

「名前が変更された列」ステップの数式を確認します。

```
= Table.RenameColumns(変更された型,{{"H", "H2"}, {"I", "I2"}})
```

Table.RenameColumns関数の{ }はリスト型のデータです。リスト型データは複数の値を指定するときに使います。ここではリストの中にリストがあり、{"H", "H2"}と{"I", "I2"}のペアで、それぞれ「H」を「H2」に、「I」列を「I2」に変更しています。

4 列を並べ替える

　列の並べ替えを行うには、マウスによるドラッグ＆ドロップとメニューから行う方法があります。マウスによるドラッグ＆ドロップは小回りが利き、メニューから行う方法は列数が多いときに役立ちます。

マウス操作による列の並べ替え

「列の選択」から「テーブルまたは範囲から」をクリックします。

◎1つの列の並べ替え

移動する列をクリックしてドラッグで移動し、ドロップします。

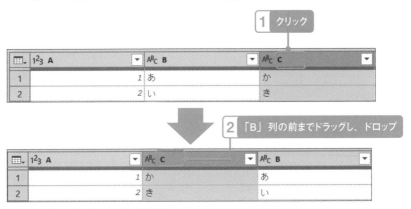

図2-11　ドラッグ＆ドロップで列を移動

◎複数の列を並べ替える

Shiftキーを押しながら連続する3つの列を選択し，まとめて移動します。

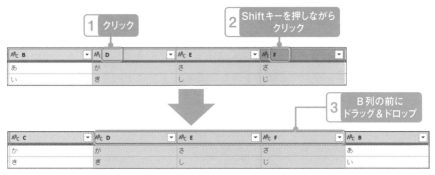

図2-12 複数列をまとめて移動

Ctrlキーを押しながら複数の列を選ぶと、選んだ順番に並べかえられます。

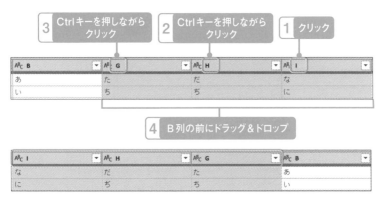

図2-13 選択した順番に並べかえられる

◎数式の確認

「並べ替えられた列」ステップの式を確認します。

```
= Table.ReorderColumns(変更された型,{"A", "C", "D", "E", "F",
"I", "H", "G", "B", "J", "K", "L", "M", "N", "O", "P", "Q"})
```

式の並べ替えの式は簡単で、列名がリスト型データとして順番に並ぶだけです。

メニューによる列の並べ替え

列の数が数十あるような場合は、「列に移動」と組み合わせてメニューの「移動」を使うと便利です。

まず、移動させたい列を選択します。

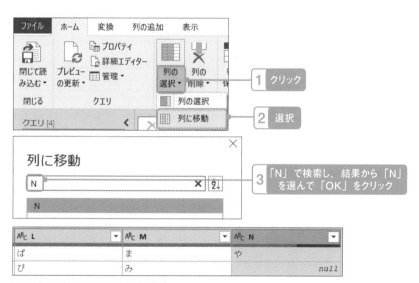

図2-14　「列の選択」から「列に移動」

次に、「変換」タブの「移動」をクリックし、「先頭に移動」を選択し、選択
した列を先頭に移動します。

図2-15　列の先頭に移動

5　不要な列を削除する

　列の削除には不要な列を削除する方法と必要な列を残す方法があります。

不要な列を削除する

　不要列を直接指定して削除します。

◎1つの列の削除

　「列の選択」で「テーブルまたは範囲から」をクリックします。対象の列を選
択し、「列の削除」を行います。

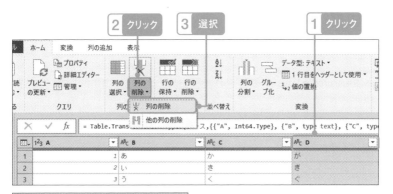

図2-16 列の削除

◎複数の列を削除

まとめて複数の列を選択し、「列の削除」を行います。

図2-17 複数の列の削除

◎「列の削除」の数式

「削除された列」ステップの数式を確認します。

```
= Table.RemoveColumns(変更された型,{"D", "F", "H", "K", "L"})
```

Table.RemoveColumns関数で削除する、D、F、H、K、L列をリスト型データで直接指定します。

必要な列を残す

残す列を指定してその他の列を削除します。

◎列の選択（他の列の削除）

「ホーム」タブの中から「列の選択」をクリックし、「列の選択」を選びます。

図2-18　「列の選択」

「列の選択」画面が開きますので、残す列を選びます。初期状態ではすべての列にチェックが入っていますので、不要な列のチェックを外して「OK」をクリックします。

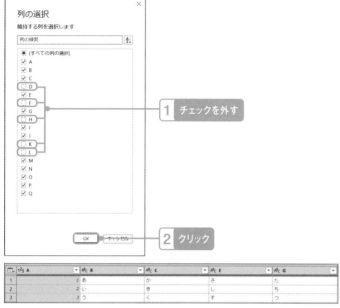

図2-19　チェックの付いていた列のみが残る

　残す列を選択し、「列の削除」の中から「他の列の削除」を選んでも同じことができます。

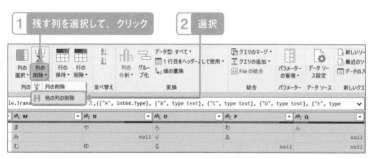

図2-20　「列の削除」の中から「他の列の削除」を選ぶ

◎「削除された列」の数式

「削除された他の列」ステップの数式を確認します。

```
= Table.SelectColumns(変更された型,{"A", "B", "C", "E", "G",
"I", "J", "M", "N", "O", "P", "Q"})
```

「列の削除」の**Table.RemoveColumns**関数では削除する列をリストにしていたのに対し、こちらの**Table.SelectColumns**関数では、**残す列をリストにしている**点が異なります。

6 　列の型変換と自動検出

それぞれの列には特定のデータ型が決まっています。Excelと異なりパワークエリは型の異なる列の演算に厳しいため、エラーの元になります。

その中でも特に注意しなくてはならないのは、Power Queryエディターによって自動的に設定された型が誤っているケースです。**パワークエリは先頭の一定数の行をサンプルとして読み込んで、自動的にデータ型を設定しますが、それが誤っている場合、直接修正しなくてはなりません。**

列の型変換と自動検出

列の型の自動検出の動作と型変換について紹介します。

◎「列の型変換」テーブルについて

「列の型変換」を確認します。「取引番号」は数字の連番、「顧客ID」は先頭が0で埋められた3桁の数字、「取引日付」は年、月、日が「-」で区切られたテキストデータです。

	A	B	C	D	E
1	取引番号 ▾	顧客ID ▾	顧客名 ▾	取引日付 ▾	取引金額 ▾
2	1	003	C	2016-01-01	673,000
3	2	004	D	2016-01-02	93,000
4	3	001	A	2016-01-03	402,000

図2-21　「-」で区切られたテキストデータになっている

　テーブルを下にスクロールしていくと、「取引番号」が1000を超えたところで番号体系が変わり、連番の先頭に「A-」が付加されます。

	A	B	C	D	E
1001	1000	001	A	2018-09-26	420,000
1002	A-1001	002	B	2018-09-27	22,000
1003	A-1002	004	D	2018-09-28	496,000

図2-22　連番の先頭に「A-」が付加

◎型の自動検出によるエラー

　「列の型変換」から「テーブルまたは範囲から」でエディターを開きます。

　それぞれの列のデータ型を確認すると、「取引番号」、「顧客ID」、「取引金額」は整数の数字型、「顧客名」はテキスト型、「取引日付」は日付型のデータに自動変換されています。

図2-23　自動検出されたデータ型

数字型に変換されて先頭の0が消えてしまった「顧客ID」をテキスト型に変換します。

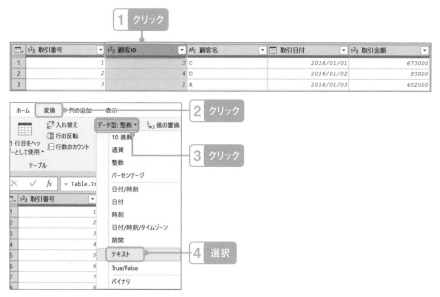

図2-24 「データ型」から「テキスト」を選択

「列タイプの変更」の警告が出ますが、「現在のものを置換」で進みます。

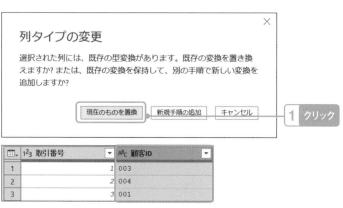

図2-25 「列タイプの変更」

ここまで来たら「ホーム」タブの「閉じて読み込む」を実行します。

データがワークシートテーブルに正常に読み込まれたように見えますが1002行目を見ると「取引番号」が空白になっています。

▲	A	B	C	D	E
1001	1000	001	A	2018/9/26	420000
1002		002	B	2018/9/27	22000
1003		004	D	2018/9/28	496000

空白

図2-26　1001行目からブランク

右側の「クエリと接続」ペインを確認すると、「500個のエラーです。」のメッセージが青字で表示されています。青字の部分をクリックしてエラーの中身を確認することもできますが、今回は「列の型変換」クエリをダブルクリックして、Power Queryエディターを開きます。

ダブルクリック

列の型変換
1,500 行読み込まれました。500 個のエラーです。

図2-27　クエリをもう一度開く

Power Queryエディターが開いたら、エラーのある行のみを表示させます。

1 クリック

1²₃ 取引番号	ᴬᴮᶜ 顧客ID
テーブル全体のコピー	003
1 行目をヘッダーとして使用	004
カスタム列の追加...	001
例から列を追加する...	001
カスタム関数の呼び出し...	001
条件列の追加...	002
インデックス列の追加 ▸	002
列の選択...	003
上位の行を保持...	001
下位の行を保持...	004
行の範囲の保持...	005
重複の保持	003
エラーの保持	003

2 選択

図2-28　「エラーの保持」

結果を見ると「取引番号」列に「Error」と緑字で表示されているので、「Error」の文字の隣をクリックします。

図2-29　「Error」の隣をクリック

　すると、画面下部に「DataFormat.Error:Numberに変換できませんでした。詳細: A-1001」と表示されます。「A-1001」の文字が数字型に変換できなかったというデータ型不一致のエラーです。

> ⚠ DataFormat.Error: Number に変換できませんでした。
> 　詳細:
> 　　A-1001

図2-30　データ型不一致のエラー

　データ型を訂正するため「適用したステップ」の「変更された型」をクリックし、「取引番号」をテキスト型に変換します。

図2-31　「テキスト」型に変更

　「ステップの挿入」警告には「挿入」で、「列タイプの変更」警告には「現在のものを置換」で先に進みます。

　「取引番号」のデータ型がテキスト型に変換されました。

　「適用したステップ」の「保存されたエラー」をクリックすると、今度は「こ

のテーブルは空です。」と表示され、エラーが解消されたことが分かります。

図2-32　エラー行が解消された

エラーが解消されたので、エラー確認用の「保存されたエラー」のステップ左側の「×」をクリックして、ステップを削除します。

ここまで来たら、「ホーム」タブから「閉じて読み込む」を再び実行します。今度は「1,500行読み込まれました。」と表示され、エラーが解消されたことが分かります。

1002行目以降の「取引番号」も今回は正しく取り込むことができました。

列の型変換
1,500 行読み込まれました。

	A	B	C	D	E
1001	1000	001	A	2018/9/26	420000
1002	A-1001	002	B	2018/9/27	22000
1003	A-1002	004	D	2018/9/28	496000

図2-33　正しく取り込めた

7 列のマージ（結合）

複数の列を結合して1つの列に統合するには、「列のマージ」を行います。

システムやExcelファイルに元データを蓄積していく段階では、できるだけ細かい単位でデータを登録しておき、一覧表やピボットテーブルなどで人間が使いやすいようにパワークエリで結合します。

列と列を結合する

「列のマージ」から「テーブルまたは範囲から」でエディターを開きます。
「姓」「名」の順番で列を選択し、「列のマージ」を行います。

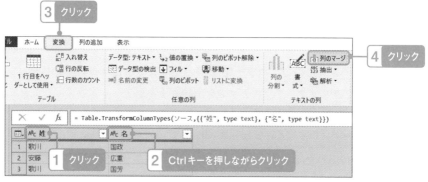

図2-34　「列のマージ」

「列のマージ」画面が開いたら、2つの列を半角スペースを挟んで結合した「名前」列に変換します。

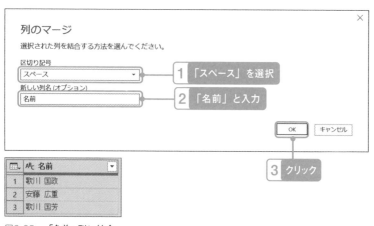

図2-35　「名前」列に結合

「列の追加」タブの「列のマージ」を実行すると、元の「姓」と「名」列を残したまま、新たな「名前」列が追加されます。

	ᴬᴮᶜ 姓	▼	ᴬᴮᶜ 名	▼	ᴬᴮᶜ 名前	▼
1	歌川		国政		歌川 国政	
2	安藤		広重		安藤 広重	
3	歌川		国芳		歌川 国芳	

図2-36　新しい列に「名前」が追加される

また、「列のマージ」画面で「区切り記号」に「--カスタム--」を選ぶと、任意のテキストを区切り記号として追加することができます。

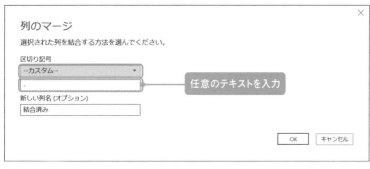

図2-37　任意の区切り記号で結合

	ᴬᴮᶜ 姓	▼	ᴬᴮᶜ 名	▼	ᴬᴮᶜ 結合済み	▼
1	歌川		国政		歌川–国政	
2	安藤		広重		安藤–広重	
3	歌川		国芳		歌川–国芳	

なお、今回は「姓」「名」の順番で列を選択しましたが、「名」「姓」の順番で選択すると逆の順番で結合されます。

8 | 列の分割

1つの列に複数のデータが含まれているとき、それらを複数の列に分割するには「列の分割」を行います。

列を分割するときには、以下2つのポイントがあります。

- 何を基準に分けるか（区切り記号、文字の位置、文字の種類の変化）
- 分けた後は横に並べるか（列方向）、縦に並べるか（行方向）

「区切り記号」による分割：異なる種類へのデータを列に分割

「,」や「、」「　」（スペース）など、決まった文字が現れたときに列を分割するケースです。

例えば、「名前」という列があり、それをスペースで分割して「姓」と「名」という2つの列にと分割する場合です。

区切り記号で分割する場合、データの分割後、区切り記号は消滅します。「,」や「、」「　」（スペース）などの明らかに区切り記号が不要な場合は問題ありませんが、都道府県などで区切る場合は、「東京都」→「東京」というように必要な部分が消滅するので注意してください。

また、区切り記号として半角スペースと全角スペースや「、」と「,」が混在している場合は、**列の分割を行う前に「値の置換」で区切り記号の表記ゆれを統一してから「列の分割」を行います。**

◎全角スペースによる「列の分割」

「列の分割_名前_住所」シートを開きます。名前は全角スペースで姓と名が、住所は全角スペースまたは半角スペースで都道府県、市区町村、その次の住所に分かれています。

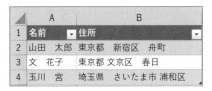

図2-38　名前と住所

「テーブルまたは範囲から」で、Power Queryエディターを開き、「名前」列
を選択して「区切り記号による分割」を行います。

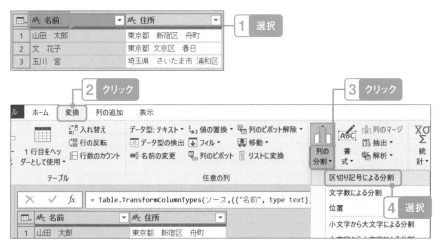

図2-39　「区切り記号による分割」

「区切り記号による列の分割」画面が開いたら、区切り記号に「--カスタム--」と全角スペースが入力されていることを確認し、「OK」をクリックします。「名前」列が「名前.1」と「名前.2」列に分割されたら、それぞれ列名を「姓」と「名」に変更します。

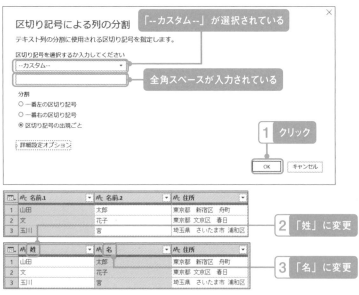

図2-40　スペースで「姓」と「名」に分割

◎区切り記号の表記ゆれは統一してから分割

「住所」列の区切り記号には半角スペースと全角スペースが混在しているので、まず区切り記号の表記ゆれを統一します。

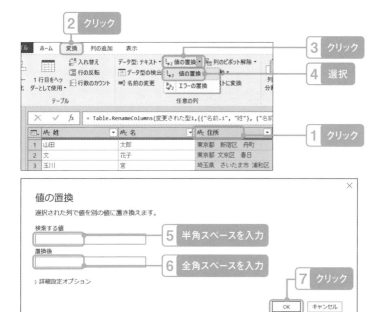

図2-41　表記ゆれを統一

あとは「名前」のときと同じように全角スペースを区切り記号として、「住所」列を分割し、それぞれ列名を「都道府県」、「市区町村」、「住所」に変更します。

ᴬᴮ꜀ 住所.1	▼	ᴬᴮ꜀ 住所.2	▼	ᴬᴮ꜀ 住所.3	▼
東京都		新宿区		舟町	
東京都		文京区		春日	
埼玉県		さいたま市		浦和区	

ᴬᴮ꜀ 都道府県	▼	ᴬᴮ꜀ 市区町村	▼	ᴬᴮ꜀ 住所	▼
東京都		新宿区		舟町	
東京都		文京区		春日	
埼玉県		さいたま市		浦和区	

図2-42　列を分割して列名を変更

「区切り記号」による分割：同種のデータを行に分割

以下の「参加者」のように同種のデータが1つのセルに並列関係で存在しているとき、別な行として分割してデータベース形式に変換します。

図2-43　改行のある表をデータベース形式に変換

「列の分割_行方向」から「データまたは範囲から」でエディターを開きます。
「参加者」列を選択し、「変換」タブの「列の分割」から「区切り記号による分割」を選択します。

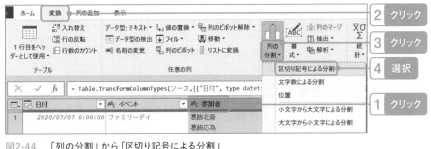

図2-44 「列の分割」から「区切り記号による分割」

「区切り記号による列の分割」画面で、区切り記号に「--カスタム--」が選択され、改行コードの「#(lf)」が入力されていることを確認します。また、「詳細設定オプション」で「分割の方向」を「行」に指定します。「日付」と「イベント」は分割前の情報が引き継がれ、行数も参加者の数に合わせて10行になります。

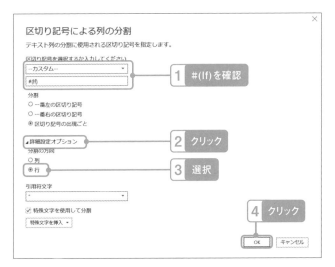

図2-45 改行文字で行方向に分割

「文字数」「位置」による分割

先頭や末尾からの文字数、または文字の位置で列を分割します。

◎「先頭からの文字数」による分割

先頭または末尾から数えた文字数で列を分割します。

「文字数_位置による分割」から「テーブルまたは範囲から」でエディターを開きます。タイムスタンプ列を分割できるようにテキスト型に変換します。

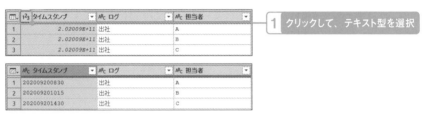

図2-46 　「タイムスタンプ」列をテキスト型に変換

「タイムスタンプ」列を先頭からの文字数で日付と時刻に分割します。

「タイムスタンプ」列を選択して、「変換」タブの「列の分割」から「文字数による分割」を選択します。

図2-47 　「文字数による分割」を選択

「文字数による列の分割」ウィンドウが開いたら、「文字数」に「8」と入力し、「分割」に「できるだけ左側で1回」を選択して、「OK」をクリックします。

図2-47　文字数「8」で分割

　それぞれ列名を「日付」、「時刻」に、データ型を日付型、時刻型に変更して完成です。なお、整数型から日付や時刻型に直接変換はできないため、「タイムスタンプ.1」と「タイムスタンプ.2」のデータ型が整数型の場合、一度テキスト型に変更してください。

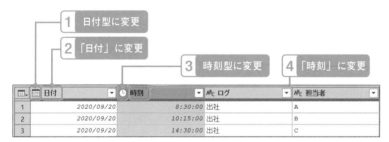

図2-48　列名とデータ型を変更

◎文字の「位置」による分割

　文字列の位置で列を分割します。列を分割するときには必ず開始位置を「0」から始めることがポイントです。

　「文字数_位置による分割」から「テーブルまたは範囲から」でエディターを開きます。

　「文字数」による分割と同じく、テキスト型にした「タイムスタンプ」列を選択し、「列の分割」の中から「位置」を選択します。

図2-49　年、月、日と時刻に分割された

「文字種の変化」による分割：数量と単位を分割する

文字の種類の変化で列を分割します。例えば、以下のように「販売数量」に単位の表記が混じっている場合、数量と単位の列に分割します。

図2-50　数量と単位を分割

「列の分割_文字種」から「テーブルまたは範囲から」でエディターを開きます。「販売数量」列を選択し、「数字から数字以外による分割」を実行します。

図2-51　「数字から数字以外による分割」

「販売数量」列が数字部分と単位部分に分割されました。

それぞれの列の名前を変更し、データ型を変換して完成です。

図2-52　列名とデータ型を変更して完成

◎文字の移行の数式について

「文字の移行による列の分割」ステップの数式を確認します。

```
=
Table.SplitColumn(変更された型, "販売数量", Splitter.SplitTe
xtByCharacterTransition({"0".."9"},
(c) => not List.Contains({"0".."9"}, c)),
{"販売数量.1", "販売数量.2"})
```

Splitter.SplitTextByCharacterTransition関数の中の、アミカケ箇所が数字から数字以外の変化で分割する設定です。

ちなみに{"0".."9"}は0から9までの連続した数字のデータをリスト型として指定する記述で、{"0", "1", "2", "3", "4", "5", "6", "7", "8", "9"}と同じです。したがって、{"0".."9"}の部分を{"0".."9", "a".."z", "A".."Z"}とすれば、数字またはアルファベットから変化する部分で分割できます。

9 行の選択

行を選択するには、**値を指定して行を絞り込む「フィルター」**と、**行の位置や重複・エラーで行を取捨・選択する「行の保持・削除」**の2つがあります。

「フィルター」は例えば、「都道府県」列が「東京都」という文字を含むといった特定の条件に合致する行を残す処理です。

それに対して、「行の保持・削除」は「上位トップ10の行を残す」、「重複している行を排除する」、「空白のある行は削除する」といった個別のフィルターによらない絞り込みを行います。

フィルターによる行の選択

フィルターを使うとき、チェックボックスの初期値は基本的に上位1000行のデータを元に作られます。また、**行を選択する条件式は自動的に作られるので、目的に沿ったフィルターになっているか、必ず数式を確認しましょう。**

◎データの確認

「行の選択」テーブルを確認します。「取引番号」は1から始まる連番で1500行あります。

「都道府県」は「01:北海道」から始まり、1000行目は「34:広島県」です。

データは1500行目まで続き、最後の行の都道府県は「47:沖縄県」です。

◢	A	B	C	D
1	取引番号 ▾	都道府県 ▾	取引日付 ▾	取引金額 ▾
2	1	01:北海道	2016/1/1	673,000
3	2	01:北海道	2016/1/2	93,000
4	3	01:北海道	2016/1/3	402,000

◢	A	B	C	D
1000	999	34:広島県	2018/9/25	176,000
1001	1000	34:広島県	2018/9/26	420,000
1002	1001	34:広島県	2018/9/27	22,000

◢	A	B	C	D
1499	1498	47:沖縄県	2020/2/6	439,000
1500	1499	47:沖縄県	2020/2/7	179,000
1501	1500	47:沖縄県	2020/2/8	598,000

図2-53 「行の選択」シートのテーブルを確認

このテーブルから「データまたは範囲から」でエディターを開きます。

◎テキスト型データのフィルター

フィルターをかけるには列名右の▼をクリックします。「都道府県」のフィルターをクリックすると、以下のように列の値に応じたチェックボックスが表示されます。

1 クリック

Ⅲ▾	1²₃ 取引番号	▾	ᴬᵇC 都道府県	▾	取引日付	▾	1²₃ 取引金額	▾
1	1		01:北海道		2016/01/01 0:00:00		673000	
2	2		01:北海道		2016/01/02 0:00:00		93000	
3	3		01:北海道		2016/01/03 0:00:00		402000	

図2-54 「都道府県」のフィルターをクリック

図2-55 「都道府県」の選択条件が表示される

「01:北海道」と「047:沖縄県」の行を選択します。

沖縄県の選択肢を探すため、下方向へスクロールすると最後の選択肢が1000行目の「34:広島県」までで止まっています。初期状態では上位1000行までのデータを元に選択肢をピックアップするためです。

すべての選択肢を表示させるため、「さらに読み込む」をクリックし、「都道府県」のすべての選択肢を表示させます。

図2-56 「さらに読み込む」をクリック

これですべての選択肢が表示されたので、北海道と沖縄県のデータに絞り込みます。

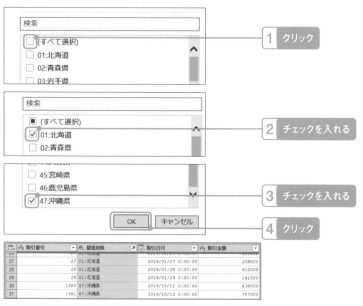

図2-57　北海道と沖縄県のデータに絞り込み

「フィルターされた行」ステップの数式を確認すると、行選択の条件が以下のように**[都道府県]**の値が**or条件**（いずれか一方を満たす）で、**"01:北海道"**、または**"47:沖縄県"**となっています。

```
= Table.SelectRows(変更された型, each ([都道府県] = "01:北海
道" or [都道府県] = "47:沖縄県"))
```

なお、以下のように「01:北海道」と「47:沖縄県」の数式だけチェックを外した場合、数式は以下のようになります。

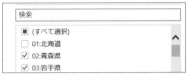

図2-58 「01:北海道」と「47:沖縄県」の数式だけチェックを外した場合

```
= Table.SelectRows(変更された型, each ([都道府県] <> "01:北
海道" and [都道府県] <> "47:沖縄県"))
```

ここでは「=」ではなく「<>」で"01:北海道"（"47:沖縄県"）とは異なることをand条件（両方を満たす）で表現しています。

フィルターの数式は自動で作成されますが、時々、意図しない条件になることがあるので、直接確認するようにしましょう。

なお、チェックボックスではなく「テキストフィルター」で、以下のように文字列に特化した選択条件を設定できます。

図2-59 文字列に特化した選択条件

◎数値型データのフィルター

続いて数値型データの動作を確認するため、「フィルターされた行」ステップを削除し、「取引番号」のフィルターを下までスクロールします。

図2-60 「取引番号」のフィルターを下までスクロール

　数値型データでも1000以上の値が含まれていると、「値の上限が1000個に到達しました。」と表示されます。

　そのような場合は、チェックボックスの上の「数値フィルター」を使います。今回は、「指定の値の間」を選択します。

図2-61 数値フィルターの「指定の値の間」

　「1100」以上、「1200」以下の「取引番号」のデータを選択します。

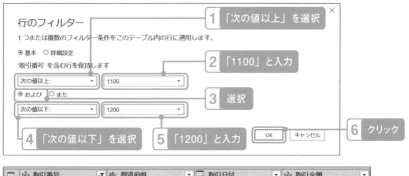

	1²₃ 取引番号		AᵇC 都道府県		▦ 取引日付		1²₃ 取引金額	
1	1100	37:香川県			2019/01/04 0:00:00		557000	
2	1101	37:香川県			2019/01/05 0:00:00		111000	
3	1102	37:香川県			2019/01/06 0:00:00		495000	

図2-62　該当範囲の「取引番号」のデータが選択された

「フィルターされた行」ステップの数式は以下のように不等号を用いたand条件の範囲指定になります。

```
= Table.SelectRows(変更された型, each [取引番号] >= 1100 and
[取引番号] <= 1200)
```

リストとフィルターを組み合わせた行の選択

通常のフィルター処理ではPower Queryエディターの画面で選択した抽出条件で行を選択しますが、**リスト型データと組み合わせることで、ワークシートテーブルでフィルターの選択条件を変えられます。**

◎ リスト型データの用意

まずフィルター用のリスト型データの「接続専用」クエリを用意します。

「都道府県」から「テーブルまたは範囲から」でエディターを開き、「都道府県リスト」列で「ドリルダウン」します。

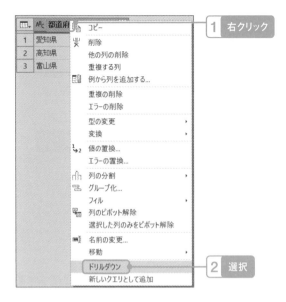

図2-63　列名を右クリックして「ドリルダウン」

　画面がテーブル型データからリスト型データ向けに変化します。

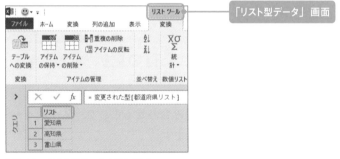

図2-64　リスト型データ向けに変化

　「ホーム」タブの中の「閉じて読み込む▼」から「閉じて次に読み込む…」を選択し、「データのインポート」に「接続の作成のみ」を選択して「OK」をクリックします。

　作成された「接続専用」クエリのアイコンがリスト型であることを確認してください。

都道府県リスト
接続専用。

リスト型のアイコン

図2-65　リスト型クエリが作成される

◎ リストをフィルターに適用

「リストフィルター都道府県」から「テーブルまたは範囲から」をクリックします。Power Queryエディターが開いたら、都道府県列右の▼をクリックしてフィルターに何か1つの選択肢を選びます。

図2-66　「三重県」のデータに絞り込まれた

このとき、数式バーは以下の式になっています。

```
= Table.SelectRows(変更された型, each ([都道府県] = "三重県"))
```

これを以下のように手で書き換えます。

```
= Table.SelectRows(変更された型, each (List.Contains({"三重県", "東京都"}, [都道府県])))
```

List.Contains関数は、第2引数の値が第1引数のリスト型データのどれかに含まれていたらtrueを返す関数です。つまり、上の式では「都道府県」行の値が「三重県」または「東京」であったら残しています。

	都道府県	取引日付	取引金額
1	三重県	2017/12/17 0:00:00	607000
2	三重県	2017/11/25 0:00:00	809000
3	三重県	2017/11/20 0:00:00	938000
4	東京都	2017/01/17 0:00:00	816000
5	東京都	2017/01/09 0:00:00	373000

図2-67　「三重県」と「東京都」に絞り込まれた

手入力のリスト型データで動作確認ができたので、今度はリスト部分を先ほど作った「都道府県リスト」に差し替えます。

```
= Table.SelectRows(変更された型, each (List.Contains(都道府県リスト, [都道府県])))
```

データが都道府県リストでフィルターされました。

	都道府県	取引日付	取引金額
1	愛知県	2017/11/07 0:00:00	438000
2	愛知県	2017/11/11 0:00:00	481000
3	愛知県	2017/10/27 0:00:00	982000
4	愛知県	2017/11/08 0:00:00	343000
5	高知県	2019/02/22 0:00:00	99000
6	高知県	2019/02/24 0:00:00	330000

図2-68　「都道府県リスト」の選択肢でフィルター

「閉じて読み込む」を実行してワークシートテーブルに読み込みます。

次に、先ほどの「都道府県リスト」に戻り、「大阪府」を追加し、「リストフィルター都道府県」を更新します。

すると、先ほどの読み込み結果に「大阪府」が追加されます。

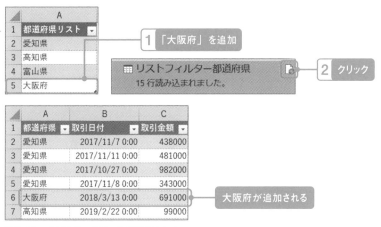

図2-69 「大阪府」のデータが追加された

　ワークシートテーブルの値を元にリスト型データを作成し、その他のクエリに読み込ませるテクニックは、列の選択や並べ替えなどリスト型データを使用している箇所に応用が利くので、ぜひマスターしてください。

行の保持と削除

　行の保持と削除の動作を確認するため、様々なパターンを網羅的に紹介します。

　「行の選択と削除」から「テーブルまたは範囲から」でエディターを開きます。

	1²₃ 社員番号	ᴬᴮᶜ 名前	¹²₃ 売上
1	null	null	null
2	1	島田虎之助	5000
3	2	島田虎之助	4500
4	1	島田虎之助	5000
5	4	勝小吉	Error
6	5	男谷信友	null
7	null	null	null
8	6	斎藤弥九郎	3500
9	7	桃井春蔵	6000
10	null	千葉周作	2500
11	null	null	null
12	null	null	null

図2-70 様々なパターンの表

◎上位の行の削除

まず、先頭の不要な1行を削除します。

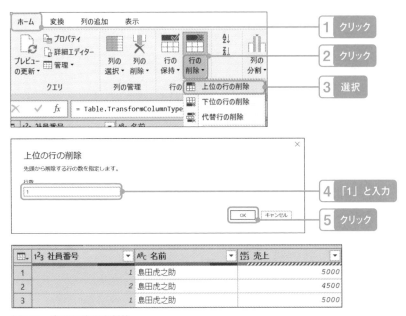

図2-71　先頭の1行目を削除

　ちなみに「行の保持」には「上位の行を保持」がありますが、こちらは反対に上から数えた○行目までを残す処理です。「行の並べ替え」と組み合わせて、売上のTOP10をピックアップするときなどに使います。

図2-72　「上位の行を保持」

◎空白行の削除

「行の削除」から「空白行の削除」を選びます。空白とは**null**データのことで「何もない」ということを意味しています。

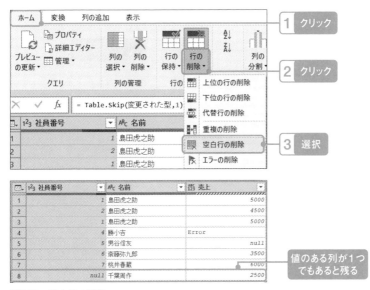

図2-73　空白行の削除

すると行末の2行は削除されましたが、「名前」と「売上」に値の入っていた8行目は残りました。つまり、「空白行の削除」ではすべての列が**null**の行しか削除されません。

特定の列が**null**である行を削除するときはフィルターを使います。

図2-74　nullの行は削除された

◎エラーの保持

エラーが存在する行を確認します。プレビュー左上のテーブルアイコンをクリックし、「エラーの保持」を選択します。

図2-75　「エラーの保持」を選択

すると、売上に「Error」のある行だけが残りますので、文字列の右側の何も
ない部分をクリックしてエラーの中身を確認します。

図2-76　エラーを確認

◎エラーの削除

　エラー行が特定できたので「保存されたエラー」ステップを削除して元に戻
り、「売上」列で「エラーの削除」を実行します。

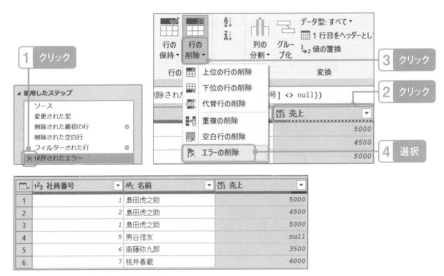

図2-77　エラーのある行が削除された

◎重複の保持

　左上のテーブルアイコンから「重複の保持」を選択して、「社員番号」「名前」「売上」のすべての列の値が重複している行を残します。

図2-78　すべての列の値が重複している行が残る

　「保持した重複データ」ステップを削除し、今度は、「名前」列を選択して「行の保持」の「重複の保持」を実行します。すると、「名前」列だけが重複する3行が残ります。

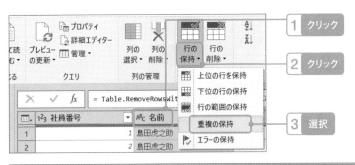

図2-79 「名前」だけが重複した3行が残った

　「行の保持と削除」では、それが「テーブル」を対象とした動作なのか、「列」を対象とした動作なのかを意識して使い分けます。

10 行の並べ替え

　列の値に応じて行を昇順または降順に並べ替えます。単一の列だけでなく、複数の列で並べ替えることも可能です。

行の並べ替え

　列の値によって行の順番を並びかえる手順です。

◎1つの列で並べ替え

　「行の並べ替え」から「テーブルまたは範囲から」でエディターを開き、「都道府県」列を昇順で並べ替えます。

　今回は昇順なので列右上のアイコンが「↑」になります。

図2-80 「昇順で並べ替え」

◎2つの列で並べ替え

続いて「取引金額」列を降順で並べ替えます。

複数の列で並べ替えたときは各列名の右側に優先順位が表示されます。

図2-81 「降順で並べ替え」

11 テーブルと行・列との関係とエラー処理：社員増減の把握

「列と行の操作」のまとめとして、テーブル、行、列、セルの参照の仕方について紹介します。サンプルとして以下のように毎月の社員数の増減を前の月と比較して計算します。

	A	B
1	年月	合計社員数
2	202001	50
3	202002	49
4	202003	49
5	202004	60
6	202005	60
7	202006	60
8	202007	61
9	202008	60
10	202009	61
11	202010	63
12	202011	64
13	202012	63

	A	B	C	
1	年月	合計社員数	増減	前月との差異を表示
2	202001	50		
3	202002	49	-1	
4	202003	49	0	
5	202004	60	11	
6	202005	60	0	
7	202006	60	0	
8	202007	61	1	
9	202008	60	-1	
10	202009	61	1	
11	202010	63	2	
12	202011	64	1	
13	202012	63	-1	

図2-82 前月との差額を計算

◎テーブル参照列の追加

「社員数推移」インデックスから「テーブルまたは範囲から」でエディターを開き、各行に0から始まる連番を振ります。

図2-83 0から始まる連番が追加

「カスタム列」で入れ子のテーブル列を追加します。

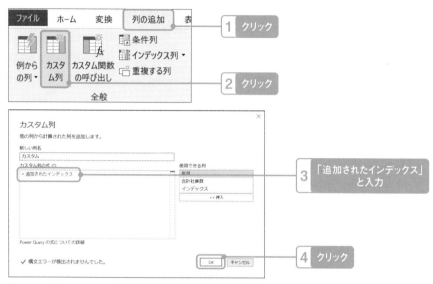

図2-84 「カスタム列」で前のステップを追加

「Table」という値の「カスタム」列が追加されます。「Table」という文字の隣をクリックし、画面下のプレビューを確認します。中身は「追加されたインデックス」ステップ完了直後のテーブルです。つまり、テーブルの各行に同じテーブルが追加された状態です。

1²₃ 年月	1²₃ 合計社員数	1²₃ インデックス	カスタム
202001	50	0	Table
202002	49	1	Table
202003	49	2	Table

年月	合計社員...	インデックス
202001	50	0
202002	49	1
202003	49	2
202004	60	3

図2-85 同じテーブルが入れ子として存在している

◎{ }でレコード＝行の取得

追加した「追加されたカスタム」の式を修正し、1つ前の行を持ってきます。式を修正するため、「追加されたカスタム」ステップ右側の歯車をクリックします。

図2-86 「追加されたカスタム」ステップ右側の歯車

テーブルの行を指定するにはテーブルの後ろに{1}というように添え字を付けます。今回は1行前の行を持ってくるのでカスタム列の式を以下のように修正します。

= 追加されたインデックス{[インデックス]-1}

結果は1行目は「Error」として、2行目以降は「Record」として表示されます。2行目のRecordの隣をクリックして中身を確認すると1行目のデータが表示されます。1行目が「Error」になっているのは、前の行がないためです。

図2-87 「Record」の中身を確認

◎[ ] で列の取得

次に前の行の「合計社員数」を取得します。「列」を指定するためには、[**合計社員数**]のように [ ] で列名を指定します。もう一度、「追加されたカスタム」ステップを開き、以下のように式を修正します。

```
= 追加されたインデックス{[インデックス]-1}[合計社員数]
```

これで、「カスタム」列に前月の「合計社員数」を持ってくることができました。

▦.	1²₃ 年月	▼	1²₃ 合計社員数	▼	1²₃ インデックス	▼	㍻ カスタム	▼
1	202001		50		0		Error	
2	202002		49		1		50	
3	202003		49		2		49	

図2-88 前の行の「合計社員数」を取得

◎エラー処理と仕上げ

最後に、1行目に表示されている「Error」をブランク=**null**に変換します。エラー処理には**try** … **otherwise** …構文を使います。「追加されたカスタム」ステップの式を以下のように修正してください。

```
= try 追加されたインデックス{[インデックス]-1}[合計社員数]
otherwise null
```

これで1行目のErrorがブランク=**null**になりました。
最後に仕上げの引き算を行います。

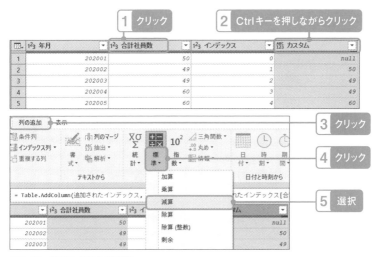

図2-89　前月との差分を計算

　これで前月との増減が計算できました。不要になった「インデックス」列と「カスタム」列を削除し、「減算」列の名前を「増減」に変更して完成です。

1²₃ 年月	1²₃ 合計社員数	1.2 増減
202001	50	null
202002	49	-1
202003	49	0
202004	60	11
202005	60	0
202006	60	0
202007	61	1
202008	60	-1
202009	61	1
202010	63	2
202011	64	1
202012	63	-1

図2-90　月ごとの増減が計算できた

　今回のシナリオは社員の増減の計算が目的でしたが、パワークエリにおけるテーブルの参照、行を構成するレコード、列の指定、そして行と列が交差するセルの指定方法を理解していただくため、ワンステップずつ解説しました。これらの点はパワークエリの構成を理解する上でとても重要なポイントです。

　なお、パワークエリではこのようなテーブル型、レコード型、リスト型のような複数の値の集合体を**構造化型データ**といいます。それに対して、数字やテキスト、日付型のような個々のデータは**非構造化型データ**といいます。

[第3章]
表をつなげる

　パワークエリの最も強力な機能に、表と表をつなげる機能があります。

　表をつなげる機能には、横につなげる「クエリの結合（マージ）」と、縦につなげる「クエリの追加」があります。

サンプルは「3. 表をつなげる」フォルダーのファイルを使用します。

アクセスキー 　1　(数字のいち)

　パワークエリでは、表どうしを結合することができます。

　「クエリの結合（マージ）」は、**社員IDや商品IDといった共通の列（照合列）を通じて表と表とを横に結合する機能**です。代表的な使い方として、Excel関数のVLOOKUPのように売上データと商品マスタを結び付けて1つの統合テーブルを作る例が挙げられます。しかし、パワークエリの「クエリの結合」は「1対多」の結合ができるため、より多彩な応用が可能です。

　「クエリの追加」は、**同一フォーマットの表を新たな行として縦に連結する機能**です。例えば、別ファイルとして管理された複数月のデータを1つの表に結合したり、パワークエリのデータ自動加工を組み合わせて、受注予測と受注実績といったフォーマットが異なるデータを1つの統合テーブルにしたりすることができます。

2　表を横につなげる：クエリの結合

　「クエリの結合」とは、1つのテーブルを基準にして**照合列**という共通のキー項目を使ってもう1つのテーブルを結びつける機能です。

　最もよく使われるシナリオとしては商品マスタ、顧客マスタ、勘定科目マスタといったマスタ・データと、売上実績や会計仕訳といった取引記録データ＝トランザクション・データとを結合し、人が理解しやすい統合テーブルを作るシナリオです。

　その他、豊富な結合の種類により、データの比較にも大いに役立ちます。特に**VLOOKUP関数では「基準となる元のリストにはないが、比較先のリストに存在するキー項目を見つけること」は不可能でしたが、クエリ結合の「完全外部」はそれを可能にします。**

VLOOKUP関数と「クエリの結合」の比較

両者に共通するキー項目を元に2つのテーブルを結合する場合、クエリの結合とVLOOKUP関数は以下の点が異なります。

	VLOOKUP関数	クエリの結合
照合キーの数	1つのみ	複数キーに対応
1対多の結合	非対応	対応
近似値による検索	対応	非対応
照合後の列取得	1列のみ	「展開」で複数取得が可能
結合の種類	左外部のみ	左外部・右外部・完全外部 内部・左反・右反

表3-1　VLOOKUP関数と「クエリの結合」の比較

詳細な説明は後述しますが、「クエリの結合」は上記のように多彩な機能を持っていますので、様々なデータ整形を自動化できます。

照合列について

クエリの結合は共通のキー項目である「照合列」を介して2つのテーブルを結びつけます。

◎照合列の指定の仕方

以下のように「商品ID」を共有する、「売上明細」テーブルと「商品マスタ」テーブルがあったとします。この場合、「商品ID」が照合列となります。

売上明細

	A	B	C
1	日付	商品ID	販売数量
2	2016/4/1	2	11
3	2016/4/5	5	8
4	2016/4/5	4	18
5	2016/4/7	2	8
6	2016/4/12	5	19
7	2016/4/13	2	12
8	2016/4/14	3	5
9	2016/4/15	1	9

商品マスタ

	A	B	C
1	商品ID	商品名	価格
2	1	お茶	200
3	2	高級白ワイン	3,000
4	3	白ワイン	1,500
5	4	シャンパン	2,000
6	5	ミネラルウォーター	300

図3-1 「売上明細」テーブルと「商品マスタ」テーブル

2つのクエリを結合する「マージ」画面では、上部に基準となるテーブル、下側のテーブルに結合先となるテーブルを選び、それぞれを結合するための「照合列」を選択します。

図3-2 「マージ」画面

◎照合列のデータ型の不一致はエラーになる

それぞれのテーブルの照合列の名前は違っていても構いませんが、**データ型は一致させる必要があります**。以下の例では、一見、両者のデータ型は同じように見えますが、「商品マスタ」側の「商品コード」はテキスト型であるため、エラーが生じています。

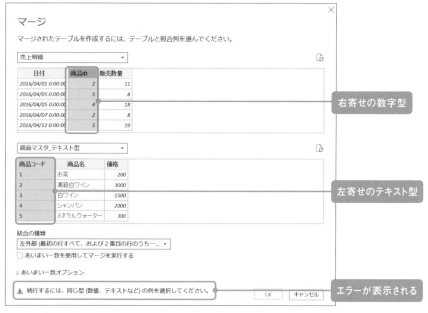

図3-3　データ型不一致によるエラー

◎2つ以上のキー項目を持つ場合

「照合列」には2つ以上のキーを選択できます。**複数の照合列を選択するには、それぞれのテーブルでCtrlキーを押しながら順番に列を選択します。**以下の例では、外貨売上と通貨レートテーブルの「日付」列と「通貨」列を選択しています。選択された順番は列名の右上に表示されます。

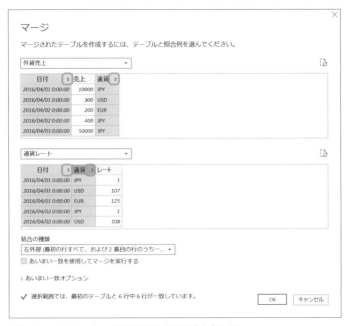

図3-4　2つ以上のキーを選択するときは順番を合わせる

結合の種類について

クエリの結合を行うときの「結合の種類」には、以下6つの選択肢があります。なお、日本語の表記が紛らわしいのですが、**「最初の」とは基準となるテーブル、「2番目の」とは結合先のテーブルのことです。**

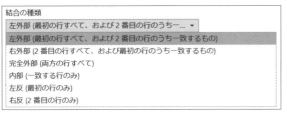

図3-5 「結合の種類」

大きく分けると、「結合の種類」には、以下2つの分類があります。

　・外部：照合列が一致していなくても行は残す。
　・内部：照合列が一致しているもののみ行を残す。

「左」「右」というのはそれぞれ「基準となるテーブル」、「結合先のテーブル」を意味しており、どちらをベースにするかという意味で使われています。つまり「左外部」は、「基準となるテーブルについては、すべてのデータを残す」という意味です。

以下2つのテーブルを「商品ID」で結合したときのそれぞれの動作です。

（左）最初のテーブル：売上明細（8行）

	A	B	C
1	日付	商品ID	販売数量
2	2016/4/1	P0002	11
3	2016/4/5	P0005	8
4	2016/4/5	P0004	18
5	2016/4/7	P0002	8
6	2016/4/12	P0005	19
7	2016/4/13	P0002	12
8	2016/4/14	P9999	5
9	2016/4/15	P0001	9

「商品マスタ」にはない

（右）2番目のテーブル：商品マスタ（5行）

	A	B	C
1	商品ID	商品名	価格
2	P0001	お茶	200
3	P0002	高級白ワイン	3,000
4	P0003	白ワイン	1,500
5	P0004	シャンパン	2,000
6	P0005	ミネラルウォーター	300

「売上明細」にはない

図3-6 「商品ID」の違い

◎左外部（最初の行すべて、および2番目の行のうち一致するもの）

　売上明細の方はすべての行が保持されます。商品マスタにない商品ID「P9999」の行のみ、商品マスタの列の値がブランクになります。

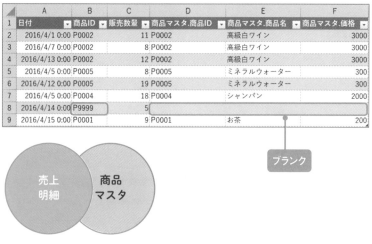

	A	B	C	D	E	F
1	日付	商品ID	販売数量	商品マスタ.商品ID	商品マスタ.商品名	商品マスタ.価格
2	2016/4/1 0:00	P0002	11	P0002	高級白ワイン	3000
3	2016/4/7 0:00	P0002	8	P0002	高級白ワイン	3000
4	2016/4/13 0:00	P0002	12	P0002	高級白ワイン	3000
5	2016/4/5 0:00	P0005	8	P0005	ミネラルウォーター	300
6	2016/4/12 0:00	P0005	19	P0005	ミネラルウォーター	300
7	2016/4/5 0:00	P0004	18	P0004	シャンパン	2000
8	2016/4/14 0:00	P9999	5			
9	2016/4/15 0:00	P0001	9	P0001	お茶	200

ブランク

図3-7　「左外部」による結合

◎右外部（2番目の行すべて、および最初の行のうち一致するもの）

　商品マスタにない商品ID「P9999」の売上明細は消失し、商品マスタにしかない商品ID「P0003」の行は値付きで残ります。

　このパターンは**トランザクション＝売上明細のデータが欠落する**ため注意が必要です。

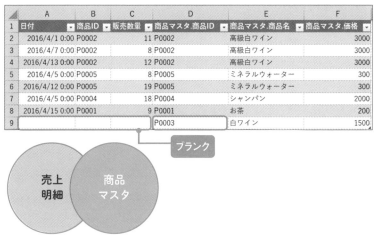

	A	B	C	D	E	F
1	日付	商品ID	販売数量	商品マスタ.商品ID	商品マスタ.商品名	商品マスタ.価格
2	2016/4/1 0:00	P0002	11	P0002	高級白ワイン	3000
3	2016/4/7 0:00	P0002	8	P0002	高級白ワイン	3000
4	2016/4/13 0:00	P0002	12	P0002	高級白ワイン	3000
5	2016/4/5 0:00	P0005	8	P0005	ミネラルウォーター	300
6	2016/4/12 0:00	P0005	19	P0005	ミネラルウォーター	300
7	2016/4/5 0:00	P0004	18	P0004	シャンパン	2000
8	2016/4/15 0:00	P0001	9	P0001	お茶	200
9				P0003	白ワイン	1500

ブランク

図3-8 「右外部」による結合

◎完全外部（両方の行すべて）

売上明細にしかない商品ID「P9999」と、商品マスタにしかない商品ID「P0003」の両方の行が残ります。商品IDのない方は列の値がブランクになります。

	A	B	C	D	E	F
1	日付	商品ID	販売数量	商品マスタ.商品ID	商品マスタ.商品名	商品マスタ.価格
2	2016/4/1 0:00	P0002	11	P0002	高級白ワイン	3000
3	2016/4/7 0:00	P0002	8	P0002	高級白ワイン	3000
4	2016/4/13 0:00	P0002	12	P0002	高級白ワイン	3000
5	2016/4/5 0:00	P0005	8	P0005	ミネラルウォーター	300
6	2016/4/12 0:00	P0005	19	P0005	ミネラルウォーター	300
7	2016/4/5 0:00	P0004	18	P0004	シャンパン	2000
8	2016/4/14 0:00	P9999	5			
9	2016/4/15 0:00	P0001	9	P0001	お茶	200
10				P0003	白ワイン	1500

ブランク

図3-9 「完全外部」による結合

◎内部（一致する行のみ）

　双方に共通する商品IDの行が残ります。列の値がブランクになる部分はありません。

	A	B	C	D	E	F
1	日付	商品ID	販売数量	商品マスタ.商品ID	商品マスタ.商品名	商品マスタ.価格
2	2016/4/1 0:00	P0002	11	P0002	高級白ワイン	3000
3	2016/4/7 0:00	P0002	8	P0002	高級白ワイン	3000
4	2016/4/13 0:00	P0002	12	P0002	高級白ワイン	3000
5	2016/4/5 0:00	P0005	8	P0005	ミネラルウォーター	300
6	2016/4/12 0:00	P0005	19	P0005	ミネラルウォーター	300
7	2016/4/5 0:00	P0004	18	P0004	シャンパン	2000
8	2016/4/15 0:00	P0001	9	P0001	お茶	200

図3-10　「内部」による結合

◎左反（最初の行のみ）

　売上明細にしかない行が残ります。差異を抽出するのに使います。

	A	B	C	D	E	F
1	日付	商品ID	販売数量	商品マスタ.商品ID	商品マスタ.商品名	商品マスタ.価格
2	2016/4/14 0:00	P9999	5			

図3-11　「左反」による結合

◎右反（2番目の行のみ）

商品マスタにしかない行が残ります。これも差異を抽出するのに使います。

図3-12　「右反」による結合

3 トランザクション・データと マスタ・データを結合する

売上明細と、商品マスタを、共通の「商品ID」を照合列として結合するシナリオです。このような統合テーブルを用意することで、ピボットテーブルで人が理解しやすい形での集計・分析が可能になります。

このとき注意しなければならないポイントは**売上明細側の行の欠落と増加**です。それらを防止するため、以下の2点に注意します。

（1）金額情報の入った売上明細テーブルを基準に「左側外部結合」を行う。
（2）マスタ側の「キー項目の重複」をなくす。

（1）に関して、例えば結合の種類に「内部結合」を使用すると、その売上明細と商品マスタ側の両方に存在するデータのみに絞り込まれます。つまり、何らかの理由でマスタ・データが欠落しているとき、対応する売上明細データも合わせて消滅します。このとき「左側外部結合」を使用しておけば、マスタ・データが欠落していても、結合できなかったマスタ列がブランクになるだけで、後か

らマスタ・データの不足に気付くことができます。

　（2）に関しては、逆にマスタ・テーブルに同一のキー項目が存在する場合、対応する売上明細行がその分だけ増殖し、金額の総合計が超過してしまうことになります。したがって、キー項目の重複を避けるための対応が必要になります。

ユニークなキー項目によるマスタ・データとの結合

　売上明細と商品マスタを共通の「商品ID」を通じて1つのテーブルに結合するシナリオです。なお、今回は商品マスタに重複する「商品ID」は存在しないケースで、最も基本となる形です。

売上明細データ

	A	B	C
1	日付	商品ID	販売数量
2	2016/4/1	P0002	11
3	2016/4/3	P0001	9
4	2016/4/3	P0002	10
5	2016/4/5	P0005	8
6	2016/4/5	P0004	18

商品マスタ

	A	B	C
1	商品ID	商品名	価格
2	P0001	お茶	200
3	P0002	高級白ワイン	3,000
4	P0003	白ワイン	1,500
5	P0004	シャンパン	2,000
6	P0005	ミネラルウォーター	300

	A	B	C	D	E	F
1	日付	商品ID	商品名	販売数量	価格	売上
2	2016/4/1 0:00	P0002	高級白ワイン	11	3000	33000
3	2016/4/3 0:00	P0002	高級白ワイン	10	3000	30000
4	2016/4/7 0:00	P0002	高級白ワイン	8	3000	24000
5	2016/4/3 0:00	P0001	お茶	9	200	1800
6	2016/4/5 0:00	P0005	ミネラルウォーター	8	300	2400

図3-13　ユニークなキー項目によるマスタ・データとの結合

◎結合元のクエリの用意

　サンプルファイルの「表をつなげる.xlsx」ファイルを開きます。

　まず「売上明細」テーブルを読み込むクエリを作成します。「売上明細」から「テーブルまたは範囲から」をクリックし、「接続専用」のクエリを作成します。

	日付	ᴬᴮ꜀ 商品ID	1²₃ 販売数量
1	2016/04/01 0:00:00	P0002	11
2	2016/04/03 0:00:00	P0001	9
3	2016/04/03 0:00:00	P0002	10

図3-14　Power Queryエディター

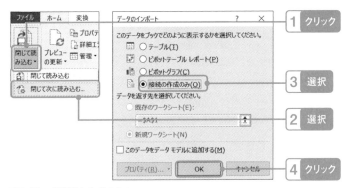

図3-15　「接続の作成のみ」

同じ手順で「商品マスタ_重複なし」の接続専用クエリを作成します。

図3-16　2つの接続専用クエリ

◎2つのクエリの結合

　次に、「クエリと接続」ペインで、基準となる「売上明細」テーブルから「結合」を選択します。

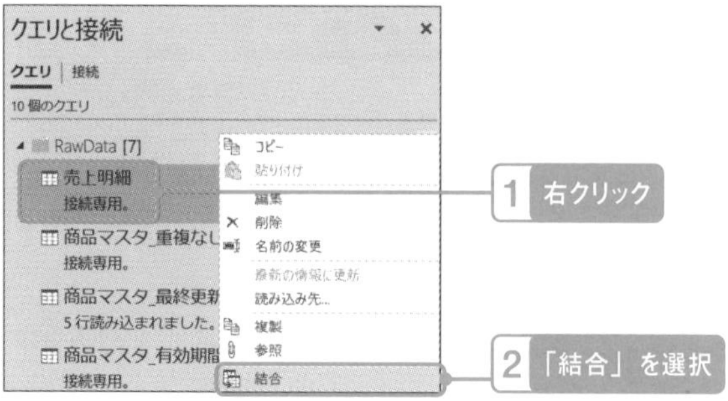

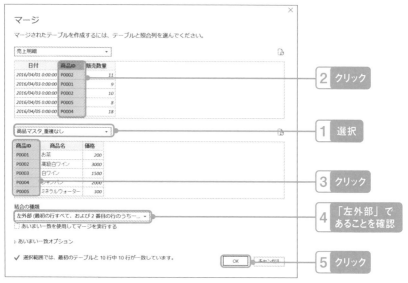

図3-17　「売上明細」テーブルを右クリックし「結合」を選択

　「マージ」画面では、下のテーブルに「商品マスタ_重複なし」を選択し、照合列としてそれぞれ「商品ID」を選択します。なお、このとき、「結合の種類」が「左外部」になっていることに注意してください。

図3-18　「マージ」画面

　Power Queryエディターが表示され、「売上明細」テーブルの右側に結合された「商品マスタ_重複なし」がTableとして表示されます。

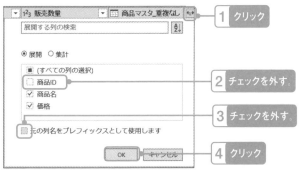

図3-19　結合された「商品マスタ_重複なし」

◎結合されたテーブルの展開

　「商品マスタ_重複なし」列の右上の「展開」ボタンをクリックし、「商品マスタ_重複なし」テーブルを展開します。

図3-20　「商品マスタ_重複なし」テーブル列が展開

　次に「販売数量」と「価格」をかけて「売上」を算出します。

図3-21 「乗算」を選択

　2つの列をかけた「乗算」列が追加されたら、「乗算」列名をダブルクリックし、列名を「売上」に変更します。

図3-22 「乗算」を「売上」に変更

　最後に列の順番を並べ替えます。「商品名」列をドラッグして「商品ID」の後ろに移動してください。

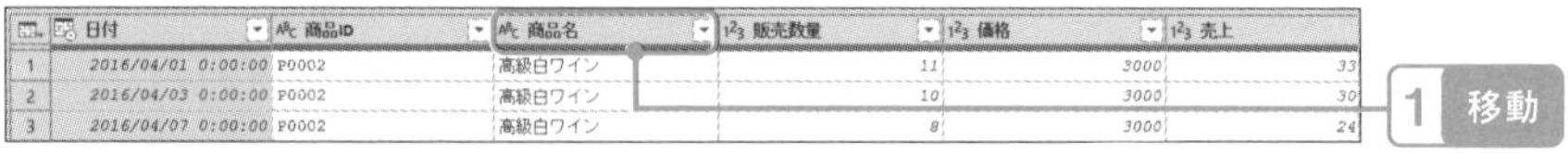

図3-23 順番を並べ替え

　「閉じて読み込む」を実行してワークシートテーブルに読み込んで完成です。データの行数が元の売上明細と同じ10行であることを確認してください。

	A	B	C	D	E	F
1	日付	商品ID	商品名	販売数量	価格	売上
2	2016/4/1 0:00	P0002	高級白ワイン	11	3000	33000
3	2016/4/3 0:00	P0002	高級白ワイン	10	3000	30000
4	2016/4/7 0:00	P0002	高級白ワイン	8	3000	24000
5	2016/4/3 0:00	P0001	お茶	9	200	1800
6	2016/4/5 0:00	P0005	ミネラルウォーター	8	300	2400
7	2016/4/5 0:00	P0004	シャンパン	18	2000	36000
8	2016/4/12 0:00	P0005	ミネラルウォーター	19	300	5700
9	2016/4/13 0:00	P0002	高級白ワイン	12	3000	36000
10	2016/4/14 0:00	P0003	白ワイン	5	1500	7500
11	2016/4/15 0:00	P0001	お茶	9	200	1800

図3-24 　ワークシートテーブルへ読み込んだ

◎売上明細クエリの中で結合するとき

　今回は第3のクエリとして「クエリの結合」を行いましたが、「売上明細」ク
エリの中で「クエリの結合→クエリのマージ」を行うと、別なクエリを作らずに
「売上明細」クエリの中で結合できます。

図3-25 　「クエリのマージ」を選択

重複のあるマスタ・テーブルとの結合：重複の排除

　商品マスタに重複するキー項目がある場合に重複を除いてテーブルを結合す
るシナリオです。今回は重複しているデータ間には優先度はないパターンで「備
考」に意味はなく、「商品名」、「価格」も同じ値が入っている前提です。

図3-26　重複のあるマスタ・テーブル

◎商品マスタの重複の排除

「商品マスタ_重複」テーブルから「テーブルまたは範囲から」でエディターを開き、「備考」列を削除します。

図3-27　「備考」列が削除された

プレビュー左上のアイコンから「重複の削除」を実行します。

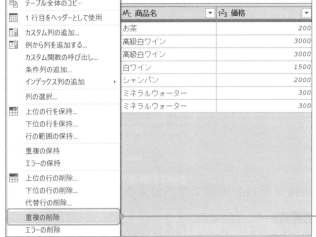

図3-28 「重複の削除」を選択

これで、「商品ID」が「P0002」「P0005」の行が1行に統合されました。

	ABC 商品ID	ABC 商品名	1²₃ 価格
1	P0001	お茶	200
2	P0002	高級白ワイン	3000
3	P0003	白ワイン	1500
4	P0004	シャンパン	2000
5	P0005	ミネラルウォーター	300

図3-29 重複行が削除され「P0002」「P0005」は1行に統合

ここから先の手順は、重複のない商品マスタとの結合と同じです。

重複のあるマスタ・テーブルとの結合：優先度を利用

重複した「商品ID」がありますが、「最終更新日」を持っている場合に、「最終更新日」がもっとも新しい行を正しいマスタのデータとして採用するケースです。

	A	B	C	D
1	商品ID	商品名	価格	最終更新日
2	P0001	お茶	200	2015/4/1
3	P0002	上級白ワイン	3,000	2015/4/1
4	P0002	高級ホワイトワイン	3,000	2016/4/1
5	P0002	高級白ワイン	3,000	2015/10/1
6	P0003	白ワイン	1,500	2015/4/1
7	P0004	シャンパン	2,000	2015/4/1
8	P0005	ミネラルウォーター	300	2015/4/1
9	P0005	天然水	500	2016/4/1

図3-30　最終更新日のあるマスタ・テーブルとの結合

◎商品IDを昇順、最終更新日を降順で並べ替える

　「商品マスタ_最終更新日」テーブルから、「テーブルまたは範囲から」でエディターを開きます。

　「商品ID」と「最終更新日」の2つの項目で行を並べ替えます。このとき、「最終更新日」は最も大きい日付が一番上に来るように「降順」で並べ替えます。

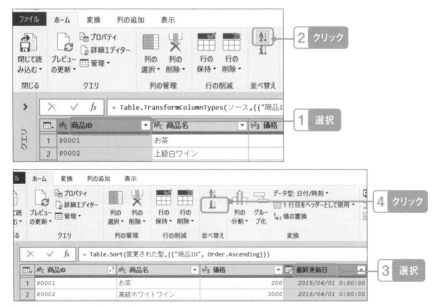

図3-31　「昇順で並べ替え」

これで2つの列でソートできました。「商品ID」には「1」と昇順を示す矢印「↑」が、「最終更新日」列には「2」と降順を示す矢印「↓」が表示されています。

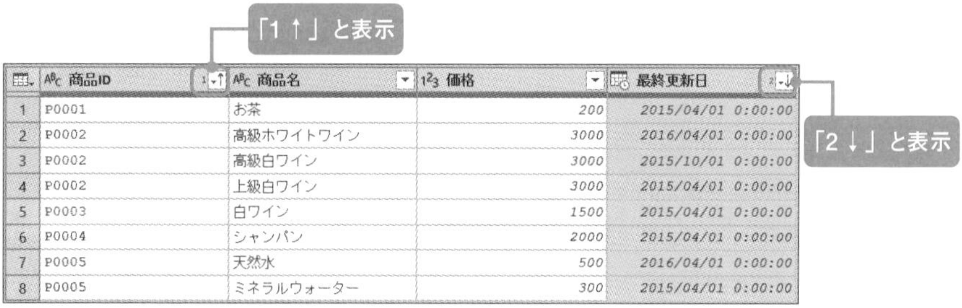

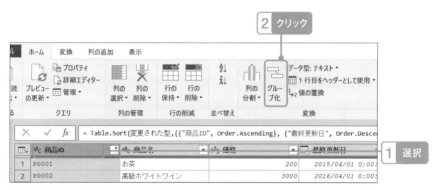

「1↑」と表示

「2↓」と表示

図3-32 「降順で並べ替え」

◎商品IDごとのサブテーブル化とインデックス列

「商品ID」ごとにデータをグループ化し、サブテーブルを作ります。

図3-33 商品IDでグループ化

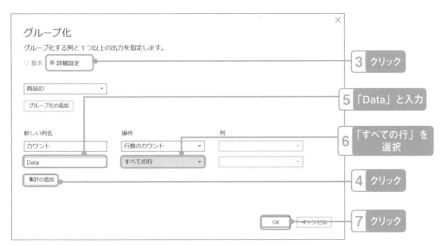

図3-34　グループ化の詳細設定

　これで「商品ID」の値を元にグループ化されました。「カウント」には「商品ID」ごとに重複している行数が、「Data」にはサブテーブルが表示されます。

　試しに、2行目の「Table」文字右側の何もないところをクリックしてみます。

	A⁸C 商品ID	▼	1²₃ カウント	▼	Data	
1	P0001		1	Table		
2	P0002		3	Table		← クリック
3	P0003		1	Table		
4	P0004		1	Table		
5	P0005		2	Table		

図3-35　「商品ID」の値を元にグループ化されたサブテーブル

　画面下部のプレビューでデータが「最終更新日」の降順に並びます。

商品ID	商品名	価格	最終更新日
P0002	高級ホワイトワ…	3000	2016/04/01 0:00:00
P0002	高級白ワイン	3000	2015/10/01 0:00:00
P0002	上級白ワイン	3000	2015/04/01 0:00:00

図3-36　サブテーブルの中身

次に、このサブテーブルの中に連番を振ります。

▶ 「列の追加」タブ→カスタム列

▶ カスタム列の式→

= Table.AddIndexColumn([Data], "IDX")

▶ OK

サブテーブルの「Data」列を元にした「カスタム」列が追加されました。

	ABC 商品ID	▼	1²₃ カウント	▼	Data		ABC 123 カスタム	
1	P0001		1		Table		Table	
2	P0002		3		Table		Table	
3	P0003		1		Table		Table	
4	P0004		1		Table		Table	
5	P0005		2		Table		Table	

図3-37　インデックスが追加された新しい列「カスタム」

先ほどと同じように2行目の「カスタム列」テーブルの中身を確認すると、今度は「0」から始まる連番の「IDX」列が追加されています。

商品ID	商品名	価格	最終更新日	IDX
P0002	高級ホワイトワ	3000	2016/04/01 0:00:00	0
P0002	高級白ワイン	3000	2015/10/01 0:00:00	1
P0002	上級白ワイン	3000	2015/04/01 0:00:00	2

図3-38　「IDX」列

不要になったその他の列を削除します。

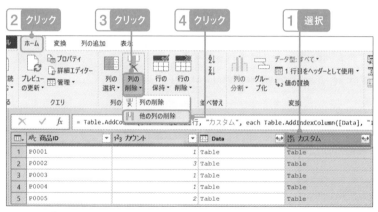

図3-39 「他の列の削除」

「カスタム」列のみが残りますので、展開します。

図3-40 サブテーブルを展開

　これで「商品ID」ごとの「最終更新日」が新しい順にインデックス番号を付
与できました。

	戳 商品ID	▼	戳 商品名	▼	戳 価格	▼	戳 最終更新日	▼	戳 IDX	▼
1	P0001		お茶		200		2015/04/01 0:00:00		0	
2	P0002		高級ホワイトワイン		3000		2016/04/01 0:00:00		0	
3	P0002		高級白ワイン		3000		2015/10/01 0:00:00		1	
4	P0002		上級白ワイン		3000		2015/04/01 0:00:00		2	
5	P0003		白ワイン		1500		2015/04/01 0:00:00		0	
6	P0004		シャンパン		2000		2015/04/01 0:00:00		0	
7	P0005		天然水		500		2016/04/01 0:00:00		0	
8	P0005		ミネラルウォーター		300		2015/04/01 0:00:00		1	

図3-41　新しい順にインデックス番号を追加

　この中から「IDX」の値が「0」であるもののみを残せば最新のマスタが残るので、「IDX」列でフィルターをかけます。

図3-42　フィルターで「0」のみ残す

　もう「IDX」列は不要になったので削除し、最後にすべての列を選択して「変換」タブの「データ型の検出」を行います。

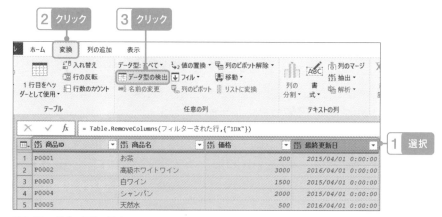

図3-43 「データ型の検出」

これで最新の商品マスタを用意することができました。

	ABC 商品ID	ABC 商品名	1²₃ 価格	最終更新日
1	P0001	お茶	200	2015/04/01 0:00:00
2	P0002	高級ホワイトワイン	3000	2016/04/01 0:00:00
3	P0003	白ワイン	1500	2015/04/01 0:00:00
4	P0004	シャンパン	2000	2015/04/01 0:00:00
5	P0005	天然水	500	2016/04/01 0:00:00

図3-44 最新の商品マスタ

ここから先は、重複のない商品マスタの結合と同じ手順です。

◎Table.AddIndexColumn関数とインデックス列

今回使用した「すべての行」でグループ化してサブテーブルを作るテクニックはとても便利なので活用してください。

なお、Table.AddIndexColumn関数は「列の追加」タブの「インデックス列」と同じ処理です。

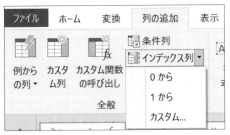

図3-45 「列の追加」の「インデックス列」

今回はこれをサブテーブルに適用するため、画面上のメニューではなく「カスタム列」の追加で入力しました。

重複のあるマスタ・テーブルとの結合：有効期間で指定

商品マスタに「有効開始日」と「有効終了日」があるケースです。それぞれ期間によって「価格」が違うので、売上のあった日付と商品マスタの有効な範囲に合致した行とを結びつけます。

	A	B	C
1	日付	商品ID	販売数量
2	2016/4/1	P0002	11
3	2016/4/3	P0001	9
4	2016/4/3	P0002	10
5	2016/4/5	P0005	8
6	2016/4/5	P0004	18
7	2016/4/7	P0002	8
8	2016/4/12	P0005	19
9	2016/4/13	P0002	12
10	2016/4/14	P0003	5
11	2016/4/15	P0001	9

	A	B	C	D	E
1	商品ID	商品名	価格	有効開始日	有効終了日
2	P0001	お茶	200	2015/4/1	2099/12/31
3	P0002	上級白ワイン	3,000	2015/4/1	2016/4/4
4	P0002	高級白ワイン	3,500	2016/4/5	2016/4/10
5	P0002	高級ホワイトワイン	4,000	2016/4/11	2099/12/31
6	P0003	白ワイン	1,500	2015/4/1	2099/12/31
7	P0004	シャンパン	2,000	2015/4/1	2099/12/31
8	P0005	ミネラルウォーター	300	2015/4/1	2016/4/10
9	P0005	天然水	500	2016/4/11	2099/12/31

	A	B	C	D	E	F
1	日付	商品ID	販売数量	商品名	価格	売上
2	2016/4/1 0:00	P0002	11	上級白ワイン	3000	33000
3	2016/4/3 0:00	P0002	10	上級白ワイン	3000	30000
4	2016/4/7 0:00	P0002	8	高級白ワイン	3500	28000
5	2016/4/13 0:00	P0002	12	高級ホワイトワイン	4000	48000
6	2016/4/3 0:00	P0001	9	お茶	200	1800
7	2016/4/5 0:00	P0005	8	ミネラルウォーター	300	2400
8	2016/4/12 0:00	P0005	19	天然水	500	9500
9	2016/4/5 0:00	P0004	18	シャンパン	2000	36000
10	2016/4/14 0:00	P0003	5	白ワイン	1500	7500
11	2016/4/15 0:00	P0001	9	お茶	200	1800

図3-46 有効期間のあるマスタ・テーブルとの結合

◎売上明細と重複のある商品マスタを結合

　「売上明細」と「商品マスタ_有効期間」の「接続専用」クエリを用意し、「売上明細」クエリから「結合」を選択します。

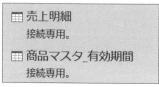

図3-47 　「売上明細」から「結合」

　「マージ」画面では、下のテーブルに「商品マスタ_有効期間」クエリを選択し、「商品ID」を照合列にして両者を「左外部」で結合します。

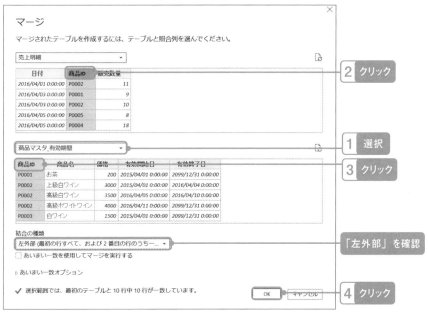

図3-48 「商品ID」で「左外部」で結合

　「売上明細」と「商品マスタ_有効期間」テーブルが「1：多」の関係で結合されました。

	日付	商品ID	販売数量	商品マスタ_有効期間
1	2016/04/01 0:00:00	P0002	11	Table
2	2016/04/03 0:00:00	P0001	9	Table
3	2016/04/03 0:00:00	P0002	10	Table

図3-49 「1：多」の関係で結合された

　「商品マスタ_有効期間」を展開します。

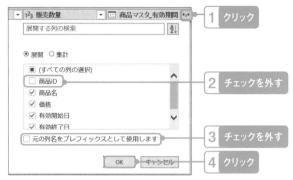

図3-50 商品マスタを展開

このとき、商品マスタ側の「商品ID」が重複しているため、その分だけ行数が増殖しています。例えば、「商品ID」が「P0002」のデータは商品マスタ側に3行あるため、それに合わせて売上明細側のデータが3行に増えています。

	日付	商品ID	販売数量	商品名	価格	有効開始日
1	2016/04/01 0:00:00	P0002	11	上級白ワイン	3000	2015/04/01 0:00
2	2016/04/01 0:00:00	P0002	11	高級白ワイン	3500	2016/04/05 0:00
3	2016/04/01 0:00:00	P0002	11	高級ホワイトワイン	4000	2016/04/11 0:00

図3-51 同じ行が3行に増殖

◎有効期間判定の追加

ここから「条件列」で適切なデータに絞り込んでいきます。

「条件列の追加」では、「新しい列名」を「有効開始日判定」とし、商品マスタ側の「有効開始日」が売上明細の「日付」以前にあるか判定します。

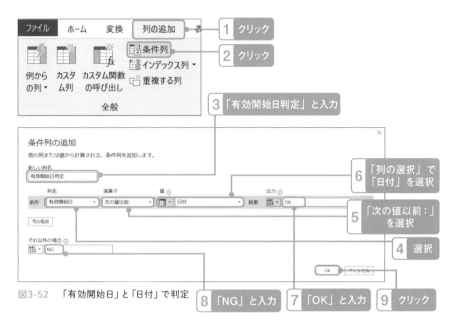

図3-52 「有効開始日」と「日付」で判定

売上明細の「日付」が商品マスタの「有効開始日」以降にあるものを判定できました。

有効開始日	有効終了日	有効開始日判定
2015/04/01 0:00:00	2016/04/04 0:00:00	OK
2016/04/05 0:00:00	2016/04/10 0:00:00	NG
2016/04/11 0:00:00	2099/12/31 0:00:00	NG

図3-53 「有効開始日」で判定できた

同様に「有効終了日判定」という条件列で、売上明細の「日付」が商品マスタの「有効終了日」以前であるか判定します。

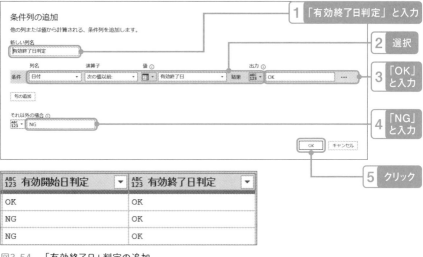

図3-54 「有効終了日」判定の追加

これら2つの判定結果を統合します。

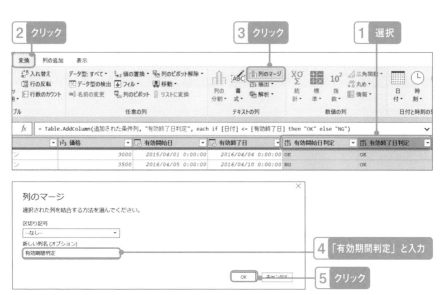

図3-55 判定結果を統合

この値が「OKOK」であるものが正しい商品マスタと結合された売上なので、フィルターで残します。結果の行数が元の10行に戻っていることを確認します。

図3-56　フィルターをかけて絞り込む

有効期間判定が完了したので「有効開始日」以降の列を削除し、最後に「列の追加」タブで売上の計算を行います。

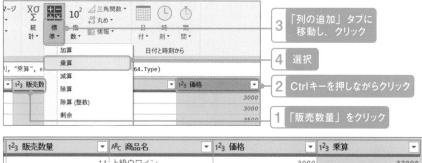

図3-57　有効期間での売上の計算

「乗算」の列名を「売上」に変更して完成です。

図3-58　「売上」に列名を変更

4 2つ以上のキー項目で表を結合する

パワークエリの「クエリの結合」ではVLOOKUP関数と異なり、複数の照合列でテーブルを結合することができます。

日次の外貨換算レートを適用する

「外貨売上」テーブルと「通貨換算レート」テーブルを「日付」と「通貨」の2つの「照合列」を使って結合し、日本円の売上を計算します。

通貨レート

	A	B	C
1	日付 ▼	通貨 ▼	レート ▼
2	2016/4/1	JPY	1
3	2016/4/1	USD	107
4	2016/4/1	EUR	125
5	2016/4/2	JPY	1
6	2016/4/2	USD	108
7	2016/4/2	EUR	126
8	2016/4/3	JPY	1
9	2016/4/3	USD	105
10	2016/4/3	EUR	124

外貨売上

	A	B	C
1	日付 ▼	売上 ▼	通貨 ▼
2	2016/4/1	10000	JPY
3	2016/4/1	300	USD
4	2016/4/2	200	EUR
5	2016/4/2	400	JPY
6	2016/4/3	50000	JPY
7	2016/4/3	780	USD

	A	B	C	D	E
1	日付 ▼	売上 ▼	通貨 ▼	レート ▼	JPY換算売上 ▼
2	2016/4/1 0:00	10000	JPY	1	10000
3	2016/4/1 0:00	300	USD	107	32100
4	2016/4/2 0:00	200	EUR	126	25200
5	2016/4/2 0:00	400	JPY	1	400
6	2016/4/3 0:00	50000	JPY	1	50000
7	2016/4/3 0:00	780	USD	105	81900

図3-59 日次の外貨換算レートを適用する

◎2つの照合列の順番を合わせてクエリの結合

　事前の準備として、「外貨売上」と「通貨レート」テーブルの「接続専用」クエリを用意します。

　2つのクエリを用意したら「外貨売上」クエリを右クリックして「結合」を選び、「マージ」画面で結合先のテーブルに「通貨レート」を選択します。

　次に、Ctrlキーを押しながらそれぞれのテーブルの「日付」と「通貨」列をクリックします。選んだ順番が列名の右に表示されていることを確認します。

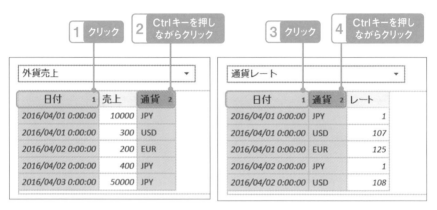

図3-60　「日付」「通貨」の順で結合

　それぞれの照合列を選んだら「結合の種類」を「左外部」のまま「OK」をクリックします。

	日付	売上	通貨	通貨レート
1	2016/04/01 0:00:00	10000	JPY	Table
2	2016/04/01 0:00:00	300	USD	Table
3	2016/04/02 0:00:00	200	EUR	Table
4	2016/04/02 0:00:00	400	JPY	Table
5	2016/04/03 0:00:00	50000	JPY	Table
6	2016/04/03 0:00:00	780	USD	Table

図3-61　結合された通貨レート

「通貨レート」列右上の「展開」ボタンをクリックし、「レート」のみを展開します。

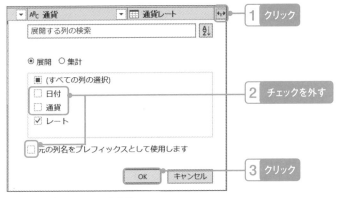

図3-62　「レート」のみを展開

これで「日付」と「通貨」の2つの列に対応する通貨レートが展開されました。

	日付	売上	通貨	レート
1	2016/04/01 0:00:00	10000	JPY	1
2	2016/04/01 0:00:00	300	USD	107
3	2016/04/02 0:00:00	200	EUR	126
4	2016/04/02 0:00:00	400	JPY	1
5	2016/04/03 0:00:00	50000	JPY	1
6	2016/04/03 0:00:00	780	USD	105

図3-63　通過レートが展開された

「売上」と「レート」の乗算を追加します。

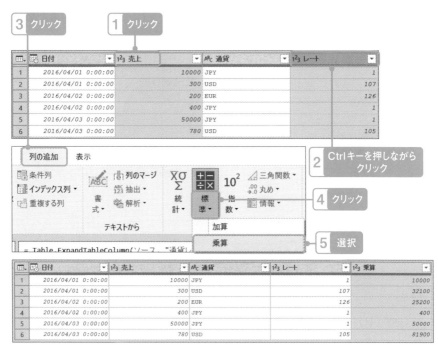

図3-64 「売上」と「レート」を乗算

「乗算」の列名を「JPY換算売上」に変更して完成です。

図3-65 列名を「JPY換算売上」に変更

5 複数行のデータとの結合

1つの行に対して複数行を持ったテーブルを「カスタム列」で結合します。

部門共通費用の案分配賦（固定配賦率）

「賃借料」「荷造運賃」「水道光熱費」といった共通費用を、部門ごとの固定配賦率に基づいて按分計算するシナリオです。両方のテーブルのすべての組み合わせを作るので、「クエリの結合」は使わずにカスタム列でテーブルを追加する点がポイントです。

共通費用実績テーブル

	A 勘定科目	B 金額
1	勘定科目	金額
2	賃借料	5,000,000
3	荷造運賃	1,500,000
4	水道光熱費	300,000

配賦率テーブル

	A 部門	B 配賦率
1	部門	配賦率
2	A部門	50%
3	B部門	30%
4	C部門	20%

	A 勘定科目	B 部門	C 配賦後費用
1	勘定科目	部門	配賦後費用
2	賃借料	A部門	2500000
3	賃借料	B部門	1500000
4	賃借料	C部門	1000000
5	荷造運賃	A部門	750000
6	荷造運賃	B部門	450000
7	荷造運賃	C部門	300000
8	水道光熱費	A部門	150000
9	水道光熱費	B部門	90000
10	水道光熱費	C部門	60000

図3-66　部門共通費用の按分配賦

◎カスタム列でクエリを結合

「費用実績」と「固定配賦率」テーブルの「接続専用」のクエリを用意します。
「費用実績」の「参照」でクエリを作り、「カスタム列」を追加します。

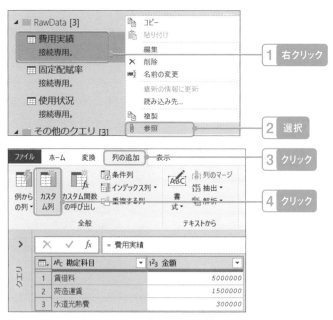

図3-67　クエリの結果をそのまま参照

「カスタム列の式」で「固定配賦率」のクエリを追加します。このとき**"固定配賦率"**のように文字を「"」で囲むと文字列になってしまうので注意してください。

▶「列の追加」タブ→カスタム列
▶ カスタム列の式→
　= 固定配賦率
▶ OK

⊞▾	ABC 勘定科目	▾	1²₃ 金額	▾	ABC₁₂₃ カスタム	↔↕
1	賃借料		5000000		Table	
2	荷造運賃		1500000		Table	
3	水道光熱費		300000		Table	

図3-68　結果のテーブルをそのまま各行に新規列として結合

「カスタム」列を展開し、各行に「固定配賦率」を追加します。「固定配賦率」は「A部門」「B部門」「C部門」と3行のデータがあるので、行の数が3倍になります。

図3-69　「固定配賦率」テーブルを展開

それぞれの勘定科目の「金額」に「配賦率」をかけます。

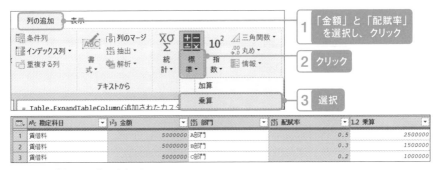

図3-70　「金額」に「配賦率」をかける

「乗算」の列名を「配賦後費用」に変更し、「金額」と「配賦率」列を削除して完成です。

	勘定科目	部門	1.2 配賦後費用
1	賃借料	A部門	2500000
2	賃借料	B部門	1500000
3	賃借料	C部門	1000000
4	荷造運賃	A部門	750000
5	荷造運賃	B部門	450000
6	荷造運賃	C部門	300000
7	水道光熱費	A部門	150000
8	水道光熱費	B部門	90000
9	水道光熱費	C部門	60000

図3-71　配賦された費用

部門共通費用の案分配賦（使用実績による配賦）

部門ごとの使用状況を元に配賦率を計算し、「賃借料」「荷造運賃」「水道光熱費」といった部門共通費用を配賦するシナリオです。

使用実績テーブル

	A	B	C	D
1	勘定科目	部門	使用実績	単位
2	賃借料	A部門	200	専有面積
3	賃借料	B部門	30	専有面積
4	賃借料	C部門	20	専有面積
5	荷造運賃	A部門	90	発送数
6	荷造運賃	B部門	150	発送数
7	水道光熱費	A部門	20	人数
8	水道光熱費	B部門	15	人数
9	水道光熱費	C部門	5	人数

共通費用テーブル

	A	B
1	勘定科目	金額
2	賃借料	5,000,000
3	荷造運賃	1,500,000
4	水道光熱費	300,000

	A	B	C
1	勘定科目	部門	配賦後費用
2	賃借料	A部門	4000000
3	賃借料	B部門	600000
4	賃借料	C部門	400000
5	荷造運賃	A部門	562500
6	荷造運賃	B部門	937500
7	水道光熱費	A部門	150000
8	水道光熱費	B部門	112500
9	水道光熱費	C部門	37500

図3-72　部門共通費用の按分計算

◎費用実績と使用状況クエリを結合

　「使用状況」の「接続専用」クエリを作成し、「費用実績」クエリを右クリックして、「結合」を選択します。

図3-73　「費用実績」から「結合」

　「マージ」画面で、「使用状況」テーブルを選択し、それぞれ「勘定科目」列を照合列として選択、結合の種類を「左外部」で「OK」をクリックします。

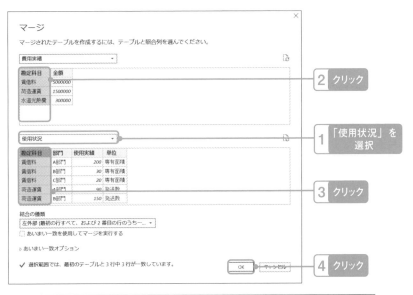

	ABC 勘定科目	▼	1²3 金額	▼	使用状況	⇥⇤
1	賃借料		5000000		Table	
2	荷造運賃		1500000		Table	
3	水道光熱費		300000		Table	

図3-74　「勘定科目」で結合

「使用状況」を展開し、「部門」と「使用実績」列を追加します。

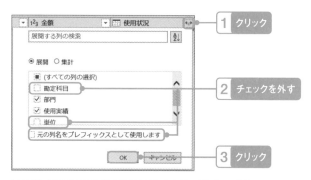

図3-75　「部門」と「使用実績」を展開

◎使用実績による割合の算出

使用実績の割合を出すために「勘定科目」ごとの合計を出します。

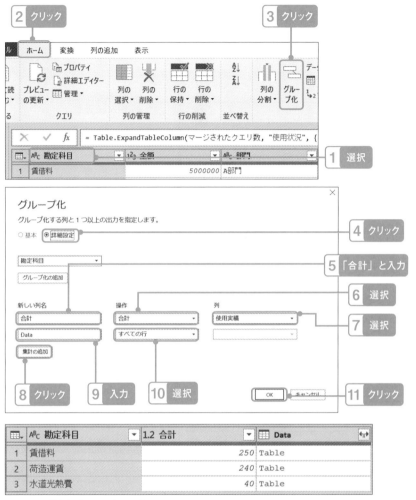

図3-76 「勘定科目」でグループ化

そのまま「Data」列を再展開し「合計」と「使用実績」を同じ行に並べます。

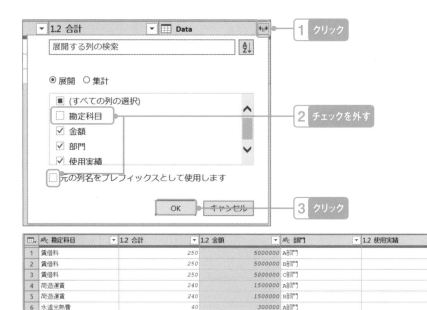

図3-77 「Data」を再展開

「合計」と「使用実績」を使って配賦割合を算出します

図3-78 「配賦割合」を計算

「金額」と「除算記号」をかけて「配賦後費用」を算出します。

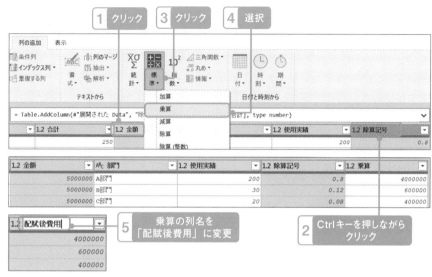

図3-79 「配賦後費用」を計算

「勘定科目」「部門」「配賦後費用」以外の列を削除して完成です。

	ABC 勘定科目	ABC 部門	1.2 配賦後費用
1	賃借料	A部門	4000000
2	賃借料	B部門	600000
3	賃借料	C部門	400000
4	荷造運賃	A部門	562500
5	荷造運賃	B部門	937500
6	水道光熱費	A部門	150000
7	水道光熱費	B部門	112500
8	水道光熱費	C部門	37500

図3-80 部門ごとに配賦費用

6 完全外部結合

　「クエリの結合」の強力な機能に「完全外部結合」があります。VLOOKUP関数では一方の表を元にして、もう一方の表にあるものを見つけ出すことはできますが、もう一方にしかないキー項目を見つけ出すことはできません。しかし、クエリの結合の「完全外部結合」はそれが可能です。

商品マスタの2点データ比較

　2つのマスタ・データがあり、それぞれどのデータが削除され、どのデータが新規追加されているかを検出します。併せてデータの中身の変更も自動検出します。

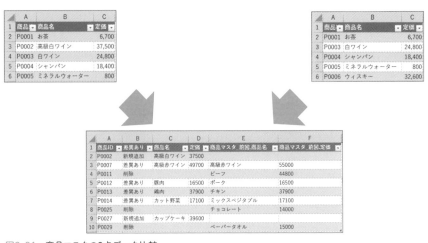

図3-81　商品マスタの2点データ比較

◎「完全外部」で今回と前回のマスタを結合

　「商品マスタ」テーブルと「商品マスタ_前回」テーブルの「接続専用」クエリを作成した後、「商品マスタ」クエリから「結合」を選択します。

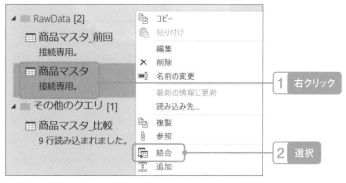

図3-82 「商品マスタ」から結合

「マージ」画面が表示されたら、「商品マスタ_前回」と結合の種類を「完全外部（両方の行すべて）」にして結合します。

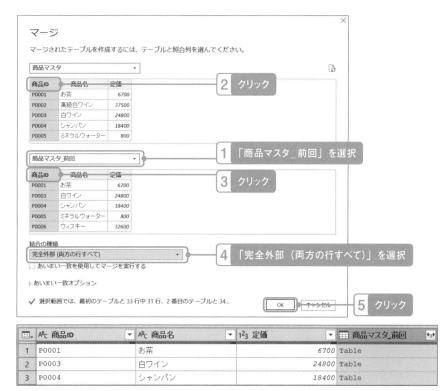

図3-83 「完全外部」で結合

「商品マスタ_前回」列を展開します。

図3-84 「商品マスタ_前回」を展開

◎前回と今回のマスタを比較

「ヘッダーを1行目として使用」で列名を1行目のデータに移動します。

元の列名が1行目のデータに移動し、列名が「Column1 ..」に変化します。

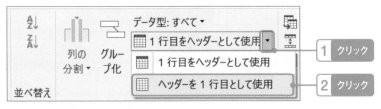

図3-85 ヘッダーを1行目に降格

照合列以外の値を比較する準備をします。「Column2」と「Column3」の2つ
の列をマージします。

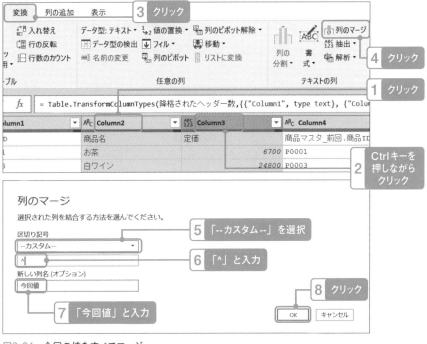

図3-86 今回の値をすべてマージ

「商品名」と「定価」が「＾」を挟んで結合され、「今回値」列になりました。

	A^BC Column1	A^BC 今回値	A^BC Column4
1	商品ID	商品名^定価	商品マスタ_前回.商品ID
2	P0001	お茶^6700	P0001
3	P0003	白ワイン^24800	P0003

図3-87 マージされた今回値

同じ手順で「Column5」と「Column6」を結合し、「前回値」列を作ります。

	A^BC Column1	A^BC 今回値	A^BC Column4	A^BC 前回値
1	商品ID	商品名^定価	商品マスタ_前回.商品ID	商品マスタ_前回.商品名^...
2	P0001	お茶^6700	P0001	お茶^6700
3	P0003	白ワイン^24800	P0003	白ワイン^24800

図3-88 マージされた前回値

今回と前回のマスタを「条件列」で比較します。「Column1」と「Column4」は照合列の「商品ID」ですが、データがない方のテーブルは**null**になるので、これを使って「削除」か「新規追加」かを判定します。

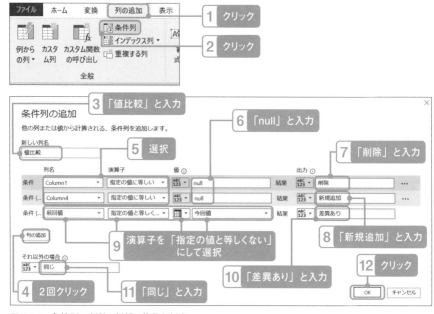

図3-89　条件列で削除・新規・差異を判定

これで今回値と前回値とを比較する「値比較」が追加されました。

Column1	今回値	Column4	前回値	値比較
1 商品ID	商品名^定価	商品マスタ_前回.商品ID	商品マスタ_前回.商品名^...	差異あり
2 P0001	お茶^6700	P0001	お茶^6700	同じ
3 P0003	白ワイン^24800	P0003	白ワイン^24800	同じ
4 P0004	シャンパン^18400	P0004	シャンパン^18400	同じ
5 P0005	ミネラルウォーター^800	P0005	ミネラルウォーター^800	同じ
6 P0006	ウィスキー^32600	P0006	ウィスキー^32600	同じ
7 P0007	高級赤ワイン^49700	P0007	高級赤ワイン^55000	差異あり
26	null ^	P0025	チョコレート^14000	削除
27 P0028	ドーナツ^17600	P0028	ドーナツ^17600	同じ
28 P0030	紙皿^34900	P0030	紙皿^34900	同じ
29	null ^	P0029	ペーパータオル^15000	削除
35 P0036	フォーク^18200	P0036	フォーク^18200	同じ
36 P0002	高級白ワイン^37500	null ^		新規追加
37 P0027	カップケーキ^39600	null ^		新規追加

図3-90　今回値と前回値とを比較する「値比較」列が追加された

「条件列」で前回と今回を統合した「商品ID」列を追加します。

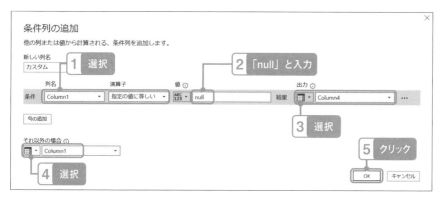

値比較	カスタム
差異あり	商品ID
同じ	P0001
同じ	P0003

図3-91　統合した「商品ID」列を作る

「Column1」と「Column4」列は不要なので削除します。

	ᴬᴮc 今回値	ᴬᴮc 前回値	¹²³ 値比較	¹²³ カスタム
1	商品名^定価	商品マスタ_前回.商品名^...	差異あり	商品ID
2	お茶^6700	お茶^6700	同じ	P0001
3	白ワイン^24800	白ワイン^24800	同じ	P0003

図3-92 不要な列を削除

「カスタム」列と「値比較」列を先頭に移動します。

	¹²³ カスタム	¹²³ 値比較	ᴬᴮc 今回値	ᴬᴮc 前回値
1	商品ID	差異あり	商品名^定価	商品マスタ_前回.商品名^...
2	P0001	同じ	お茶^6700	お茶^6700
3	P0003	同じ	白ワイン^24800	白ワイン^24800

図3-93 順番を並べ替える

先ほど結合した「今回値」列を分割して元に戻します。

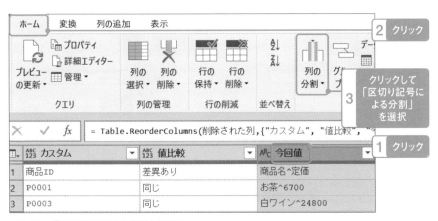

図3-94 「区切り記号による分割」を選択

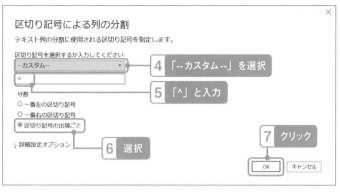

図3-95 「値」で分割

「今回値」が分割され「今回値.1」と「今回値.2」になりました。同様に「前回値」も分割します。

ABC 今回値.1	ABC 今回値.2	ABC 前回値.1	ABC 前回値.2
商品名	定価	商品マスタ_前回.商品名	商品マスタ_前回.定価
お茶	6700	お茶	6700
白ワイン	24800	白ワイン	24800

図3-96 「前回値」を戻す

「1行目をヘッダーとして使用」で1行目を列名に復帰させます。

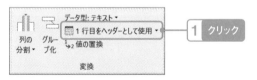

	ABC 123 商品ID	123 差異あり	ABC 商品名	ABC 定価
1	P0001	同じ	お茶	6700
2	P0003	同じ	白ワイン	24800
3	P0004	同じ	シャンパン	18400

図3-97 1行目を行名に復旧

差異のあるデータに絞り、「商品ID」順に並べ替えます。

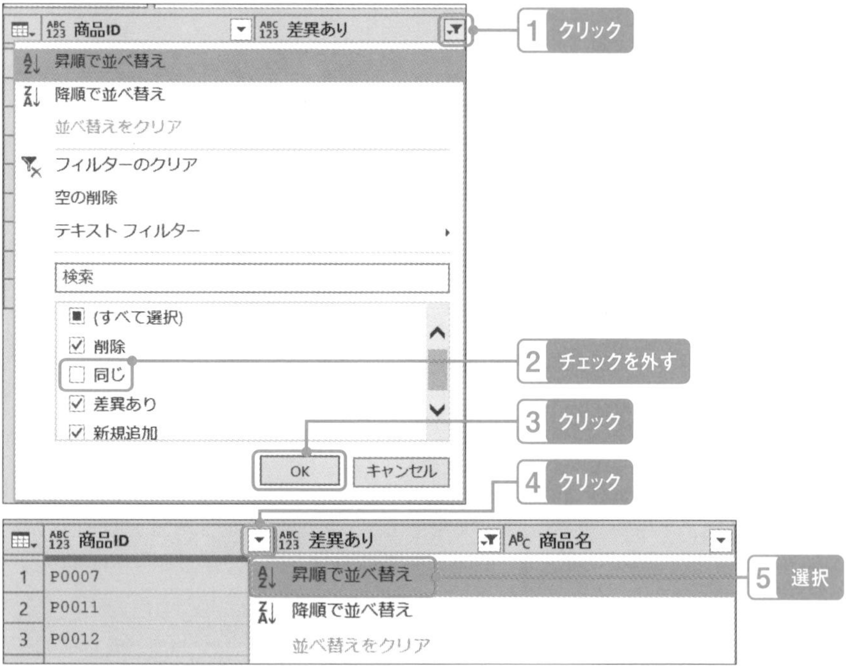

図3-98　「同じ」行をフィルターアウト

これで完成です。「閉じて読み込む」を実行すると、2つのテーブルの間で違いのある行だけが表示されます。

	A	B	C	D	E	F
1	商品ID	差異あり	商品名	定価	商品マスタ_前回.商品名	商品マスタ_前回.定価
2	P0002	新規追加	高級白ワイン	37500		
3	P0007	差異あり	高級赤ワイン	49700	高級赤ワイン	55000
4	P0011	削除			ビーフ	44800
5	P0012	差異あり	豚肉	16500	ポーク	16500
6	P0013	差異あり	鶏肉	37900	チキン	37900
7	P0014	差異あり	カット野菜	17100	ミックスベジタブル	17100
8	P0025	削除			チョコレート	14000
9	P0027	新規追加	カップケーキ	39600		
10	P0029	削除			ペーパータオル	15000

図3-99　差異の一覧

今回は2つのデータの比較のため違いのある行のみに絞りましたが、統合したマスタ・データを用意する場合はフィルターをかけなければOKです。

同じ列を持った複数の表を縦に連結し、1つの表にするには「クエリの追加」
を行います。

「クエリの追加」には主に以下の使い方があります。

- ・同じ種類のデータを連結する
- ・異なるフォーマットのデータを統合する。

毎月の売上実績データを結合する

以下のように3か月分の売上を連結して1つのテーブルにします。ただし、5月
からは「支店名」、6月からは「顧客」といった新しい列が追加されています。

	A	B	C	D	E	F	G
1	日付	商品ID	商品カテゴリー	商品	販売単価	販売数量	売上
2	2016/4/1	P0002	飲料	高級白ワイン	36,800	11	404,800
3	2016/4/3	P0014	食料品	ミックスベジタブル	19,500	9	175,500
4	2016/4/3	P0013	食料品	チキン	46,200	10	462,000

	A	B	C	D	E	F	G	H
1	日付	商品ID	商品	商品カテゴリー	支店	販売単価	販売数量	売上
2	2016/5/2	P0032	雑貨	割りばし	東北支店	15,300	5	76,500
3	2016/5/2	P0029	雑貨	ペーパータオル	東北支店	15,800	2	31,600
4	2016/5/3	P0011	食料品	ビーフ	大阪支店	42,100	8	336,800

追加

	A	B	C	D	E	F	G	H	I
1	日付	商品ID	商品カテゴリー	商品	支店名	顧客	販売単価	販売数量	売上
2	2016/6/7	P0001	飲料	お茶	関東支店	江戸日本橋商店	8,500	1	8,500
3	2016/6/11	P0029	雑貨	ペーパータオル	東北支店	千住商店	15,000	16	240,000
4	2016/6/15	P0003	飲料	白ワイン	大阪支店	江都駿河町商店	22,800	16	364,800

図3-100　毎月の売上実績データを結合する

最終的にすべて連結された結果だけが必要なので中間クエリは「接続専用」
で作ります。

◎3つのクエリを作り、連結する

「3か月売上実績」フォルダーの3つのファイルを連結します。

図3-101　連結するファイル

新しいExcelブックを開き、「4月_売上明細.xlsx」の「売上明細_4月」シートを「接続専用」で読み込みます。

▶ 「データ」タブ→データの取得→ファイルから→ブックから
▶ 「4月_売上明細.xlsx」を選択→インポート
▶ 「売上明細_4月」を選択→「データの変換」の左の「読み込み」の隣の「▼」→読み込み先…
▶ 接続の作成のみ→OK

同じ手順で「売上明細_5月」「売上明細_6月」クエリも作成します。

連結対象のクエリが揃ったら、「売上明細_4月」クエリを右クリックし、「追加」を選択します。

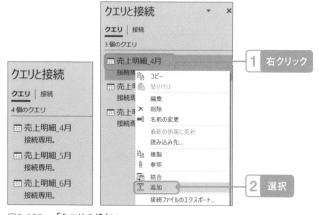

図3-102　「クエリの追加」

3つのテーブルを一度に連結します。

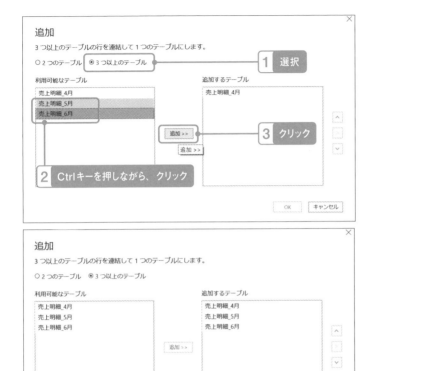

図3-103　3つのテーブルを連結

　Power Queryエディターに移動すると、3つのテーブルが1つのテーブルに連結されています。

	日付	ᴬᵇ꜀ 商品ID	ᴬᵇ꜀ 商品カテゴリー	ᴬᵇ꜀ 商品	¹²₃ 販売単価
1	2016/04/01	P0002	飲料	高級白ワイン	36800
2	2016/04/03	P0014	食料品	ミックスベジタブル	19500
3	2016/04/03	P0013	食料品	チキン	46200
25	2016/04/30	P0029	雑貨	ペーパータオル	18300
26	2016/05/02	P0032	割りばし	雑貨	15300
27	2016/05/02	P0029	ペーパータオル	雑貨	15800
39	2016/05/31	P0010	カップラーメン	食料品	7300
40	2016/06/07	P0001	飲料	お茶	8500
41	2016/06/11	P0029	雑貨	ペーパータオル	15000

図3-104　3つのテーブルが1つのテーブルとして連結追加されている

また、5月から追加された「支店名」、6月から追加された「顧客」も右側に追加されています。

	品	¹²₃ 販売単価	¹²₃ 販売数量	¹²₃ 売上	ᴬᵇ꜀ 支店名	ᴬᵇ꜀ 顧客
25	ータオル	18300	10	183000	null	null
26		15300	5	76500	東北支店	null

	品	¹²₃ 販売単価	¹²₃ 販売数量	¹²₃ 売上	ᴬᵇ꜀ 支店名	ᴬᵇ꜀ 顧客
39		7300	2	14600	九州支店	null
40		8500	1	8500	関東支店	江戸日本橋商店

図3-105　新項目は追加されている

営業支援システムの受注予測データと受注実績データを連結する

　営業支援システムと会計システムから出力されたデータのフォーマットを統一した後に「クエリの追加」で1つのテーブルに統合します。統合テーブルを作成したらピボットテーブルを使って実績と予測を連結した通年の売上予測分析を行います。

受注予測データ

	A	B	C	D	E	F	G
1	受注予定日	商品ID	商品カテゴリー	商品	受注予定金額	受注確率	案件フェーズ
2	2016/7/1	P0002	飲料	高級白ワイン	451,900	0%	5. 失注
3	2016/7/3	P0013	食料品	チキン	1,294,900	100%	5. 受注
4	2016/7/5	P0033	雑貨	つまようじ	70,800	0%	5. 失注
5	2016/7/5	P0024	菓子	マカロン	727,400	100%	5. 受注
6	2016/7/7	P0014	食料品	ミックスベジタブル	6,400	80%	4. 詳細提案
7	2016/7/15	P0006	飲料	ウィスキー	151,200	30%	4. 詳細提案

受注実績データ

	A	B	C	D	E
1	日付	商品ID	商品カテゴリー	商品	売上
2	2016/4/1	P0002	飲料	高級白ワイン	404,800
3	2016/4/3	P0014	食料品	ミックスベジタブル	175,500
4	2016/4/3	P0013	食料品	チキン	462,000

	A	B	C	D	E	F
1						
2						
3	合計 / 売上	列ラベル				
4	行ラベル	飲料	菓子	雑貨	食料品	総計
5	⊟実績	4975800	5307600	2743300	5279000	18305700
6	⊞4月	2396300	1617300	993000	2716000	7722600
7	⊞5月	327600	906100	1323900	496600	3054200
8	⊞6月	2251900	2056800	426400	771500	5506600
9	⊞7月		727400		1294900	2022300
10	⊟予測	1140520	664220	1641270	1292970	4738980
11	⊞7月	618670	17450	216590	895920	1748630
12	⊞8月	97600	556220	1415770	354250	2423840
13	⊞9月	424250	90550	8910	42800	566510
14	総計	6116320	5971820	4384570	6571970	23044680

図3-106 　受注予測データと受注実績データを統合し、ピボット化

　それぞれ出所の異なるデータであるため異なるデータ項目があっても、列名を一致させれば「クエリの追加」で1つのテーブルに統合できます。1つのテーブルにしてしまえば、ピボットテーブルで集計と分析ができます。

◎「売上実績」クエリの作成

　新しいExcelブックで開き、「売上実績と受注予測」フォルダーの「受注実績」を取り込みます。

　　　▶「データ」タブ→データの取得→ファイルから→ブックから
　　　▶「売上実績.xlsx」→インポート
　　　▶「売上実績」を選択→データの変換

🔢	🔲 日付	ᴬᵇᶜ 商品ID	ᴬᵇᶜ 商品カテゴリー	ᴬᵇᶜ 商品	¹²₃ 売上
1	2016/04/01	P0002	飲料	高級白ワイン	404800
2	2016/04/03	P0014	食料品	ミックスベジタブル	175500
3	2016/04/03	P0013	食料品	チキン	462000

図3-107　「売上実績」の読み込み

　「カスタム列」で「種別」を追加します。

　　　▶「列の追加」タブ→カスタム列
　　　▶ 新しい列名→「種別」
　　　▶ カスタム列の式→
　　　　 ＝ "実績"
　　　▶ OK

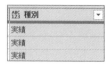

ᴬᵇᶜ₁₂₃ 種別
実績
実績
実績

図3-108　「種別」の追加

　「接続専用」でクエリを作ります。

　　　▶「ホーム」タブ→閉じて読み込む▼→閉じて次に読み込む…
　　　▶ 接続の作成のみ→OK

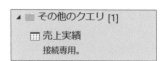

▲ ■ その他のクエリ [1]
　⊞ 売上実績
　　接続専用。

図3-109　「接続専用」で作成

◎「受注予測」クエリの作成

　受注予測データはデータやフォーマットを変換し、「受注実績」データと列名を揃えます。

　　　　▶「データ」タブ→データの取得→ファイルから→ブックから
　　　　▶「受注予測.xlsx」→インポート
　　　　▶「受注予測」を選択→データの変換

📋	受注予定日 ▼	A⁴ᴮᴄ 商品ID ▼	A⁴ᴮᴄ 商品カテゴリー ▼	A⁴ᴮᴄ 商品 ▼	1.2 受注予定金額 ▼
1	2016/07/01	P0002	飲料	高級白ワイン	451900
2	2016/07/03	P0013	食料品	チキン	1294900
3	2016/07/05	P0033	雑貨	つまようじ	70800

図3-110　「受注予測」の読み込み

　必要な行のみにフィルターします。「案件フェーズ」列を見ると、「5.失注」は受注予測には不要なため、「5.受注」は既に受注実績に存在するためフィルターで外します。

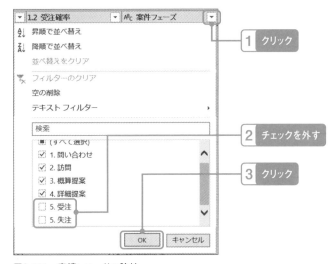

図3-111　実績レコードの除外

次に「受注予定金額」に「受注確率」をかけた「売上」列を追加します。

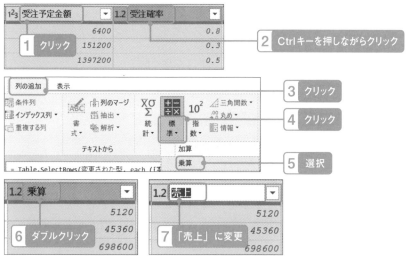

図3-112　売上予測を計算し、列名を統一

「受注予定日」の列名を「日付」に変更します。

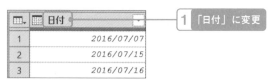

図3-113　「日付」に変更

「カスタム列」で「種別」を追加します。

- ▶「列の追加」タブ→カスタム列
- ▶ 新しい列名→「種別」と入力
- ▶ カスタム列の式→
  = "予測"
- ▶ OK

こちらも実績と同様に「接続専用」でクエリを作成します。

これでテーブルを連結する準備ができましたので、連結します。

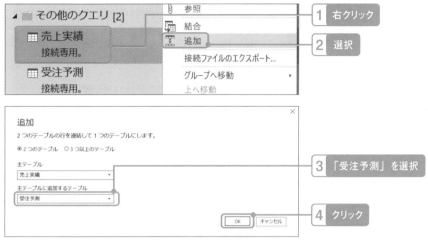

図3-114 「売上実績」と「受注予測」を連結

2つのテーブルを連結したら、「閉じて読み込む」を実行して、ワークシートテーブルに取り込みます。

	日付	商品ID	商品カテゴリー	商品	1.2 売上	種別
1	2016/04/01	P0002	飲料	高級白ワイン	404800	実績
2	2016/04/03	P0014	食料品	ミックスベジタブル	175500	実績
3	2016/04/03	P0013	食料品	チキン	462000	実績

	A	B	C	D	E	F	G	H	I
1	日付	商品ID	商品カテゴリー	商品	売上	種別	受注予定金額	受注確率	案件フェーズ
2	2016/4/1	P0002	飲料	高級白ワイン	404800	実績			
3	2016/4/3	P0014	食料品	ミックスベジタブル	175500	実績			
4	2016/4/3	P0013	食料品	チキン	462000	実績			
60	2016/7/5	P0024	菓子	マカロン	727400	実績			
61	2016/7/7	P0014	食料品	ミックスベジタブル	5120	予測	6400	0.8	4. 詳細提案
62	2016/7/15	P0006	飲料	ウィスキー	45360	予測	151200	0.3	4. 詳細提案

図3-115 通年売上予測テーブル

作成したテーブルにカーソルを置いたまま、「挿入」タブから「ピボットテーブル」を選択し、ピボットテーブルを作ります。

図3-116　ピボットテーブルの作成

ピボットテーブルが作成されたら、以下のようにフィールドを配置します。

図3-117　ピボットテーブルのフィールドを配置

実績と予測が一体化した「通年売上予測表」を作ります。

	A	B	C	D	E	F
1						
2						
3	合計 / 売上	列ラベル				
4	行ラベル	飲料	菓子	雑貨	食料品	総計
5	⊟実績	4975800	5307600	2743300	5279000	18305700
6	⊞4月	2396300	1617300	993000	2716000	7722600
7	⊞5月	327600	906100	1323900	496600	3054200
8	⊞6月	2251900	2056800	426400	771500	5506600
9	⊞7月		727400		1294900	2022300
10	⊟予測	1140520	664220	1641270	1292970	4738980
11	⊞7月	618670	17450	216590	895920	1748630
12	⊞8月	97600	556220	1415770	354250	2423840
13	⊞9月	424250	90550	8910	42800	566510
14	総計	6116320	5971820	4384570	6571970	23044680

図3-118　通年売上予測表

なお、今回はパワークエリで取り込んだテーブルを元にピボットテーブルを
作成したので、次回からは、ピボットテーブルにカーソルをおいて「すべて更新」
を実行すると、新しいデータに基づいた表に更新できます。

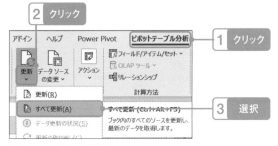

図3-119　「すべて更新」

　人が入力するテキストデータには様々な乱れがあります。「文字を整える」とは、テキストデータからそういった「表記のゆれ」を取り除いて、本来意図された1つの言葉にすることです。

サンプルは「4. 文字を整える」の「文字を整える.xlsx」を使用します。

1 「文字を整える」とは

　テキストデータは数字型データと異なり、人が自由に入力することができるため、同じ1つのものが別な言葉で表現される可能性があります。これらの表記のブレを「表記のゆれ」といいます。

　「文字を整える」＝「テキストクレンジング」の目的は、テキストデータからこういった「表記のゆれ」を取り除いて、本来目指していた1つ言葉に整えることです。 いってみればデータの方言を標準語に統一する作業です。

　テキストデータのクレンジングは、ほぼ無限ともいえるバリエーションがあるため、データ・クレンジングの中でも最も難しい作業です。したがって、データの傾向を見ながら、それに合った方針を立てて実行していきます。パワークエリは確かに強力な道具ですが、それでも一回で100%の文字をきれいに整えることは難しいでしょう。しかし、95%のテキストデータを自動でクレンジングできれば、人が作業するのは残りの5%になります。そのあたりをゴールにして進めましょう。

2 テキスト型データの基本

　個別のテキストクレンジング処理に入る前に、パワークエリにおける文字列の式について紹介します。「列の追加」タブの「カスタム列」で直接、式を編集してテキストデータの扱い方について説明します。

テキスト型データの基本

　「テキストの基本」から「テーブルまたは範囲から」でエディターを開き、「カスタム列」を開きます。

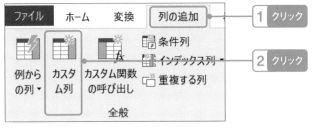

図4-1 「列の追加」タブから「カスタム列」をクリック

◎テキスト型データの入力

　テキスト型データは「"（ダブルクォーテーション）」で囲みます。「カスタム列の式」に以下のように入力します。

　= "あ"

図4-2 各行に「あ」の文字が追加

◎テキスト型データの結合

テキスト型データどうしを連結するには「&」を使います。
以下の式の「カスタム列」を追加します。

="あいうえお" & "かきくけこ"

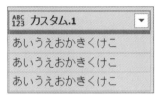

図4-3　結合されたテキスト

　同じ行の他の列は列名を[ ]（**角括弧**）で囲んで参照します。
　「カスタム列」を追加し、「カスタム列の式」に以下の式を入力します。[**会社**]は右側の「使用できる列」から「会社」を選んで「挿入」をクリックして入力しても入力できます。

= [会社] & "本店"

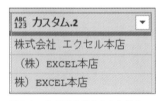

図4-4　他の列のテキストを結合

◎テキスト関数の呼び出し

半角全角と大文字・小文字に注意して以下の「カスタム列」を追加します。

= Text.Replace([会社], "エクセル", "EXCEL")

Text.Replace関数は文字列を置換します。1行目の「エクセル」が「EXCEL」に変換されました。

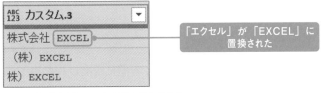

「エクセル」が「EXCEL」に置換された

図4-5　関数を利用して文字列を置き換える

　以上、パワークエリでの文字列操作の基本でした。大部分のテキストクレンジングは画面上の操作だけで可能ですが、手入力で式が書けると応用が効きますのでぜひ覚えてください。

テキスト関数の調べ方

　Power Queryエディターを画面上で操作するとき、その背後では処理に応じた関数が使われています。処理の中身を確認したり、「カスタム列」で独自の変換処理を行うとき、使うべき関数を調べられると便利です。ここではそれら関数の使い方を調べる方法を紹介します。

◎「#shared」で関数リファレンスを呼び出す。

「空のクエリ」を開きます。

　　　▶「データ」タブ→データの取得
　　　　→その他のデータソースから→空のクエリ

　Power Queryエディターが開いたら、数式バーに以下の式を入力します。#の後の「s」は小文字、文字はすべて半角です。

```
= #shared
```

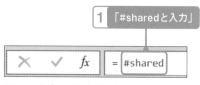

図4-6　数式バーに式を入力

画面がレコード型の画面に切り替わるので、テーブル型に変換します。

図4-7　全関数の一覧が表示される

　すべての関数が表示されているので、フィルターをかけてテキスト処理関数に絞り込みます。「Name」右の▼をクリックし、「検索」に「Text.」と入力し、「OK」をクリックします。最後の「.」を忘れないように注意してください。

図4-8　テキスト処理用関数に絞り込み

	ABC Name	ABC 123 Value
1	Text.Format	Function
2	Text.AfterDelimiter	Function
3	Text.BeforeDelimiter	Function
4	Text.BetweenDelimiters	Function
5	Text.Type	Type
6	Text.At	Function

1 「Text.」と入力

「Name」列右の▼をクリックし、「昇順で並べ替え」で、アルファベット順に並べ替えます。このとき、各行右側の「Value」列の「Function」の隣をクリックすると、それぞれの関数の用途と使い方が表示されます。

1 クリック　　説明が表示される

	ABC Name	ABC 123 Value
1	Text.AfterDelimiter	Function
2	Text.At	Function

function (text as nullable text, index as number) as nullable text

位置 index にあるテキスト値 (text) の文字を返します。テキストの最初の文字が位置 0 です。

例: 文字列 "Hello, World" 内の位置 4 にある文字を調べます。

使用法:
```
Text.At("Hello, World", 4)
```

出力:
```
"o"
```

図4-9　関数の使い方を表示

「Function」の文字の部分をクリックすると、関数に引数を渡して動作を確認できます。**Text.At**関数の「Function」をクリックし、試しに「あいうえお」の4番目の文字を取得します。パワークエリでは数字のカウントは0から始まるので「index」には「3」を入力します。

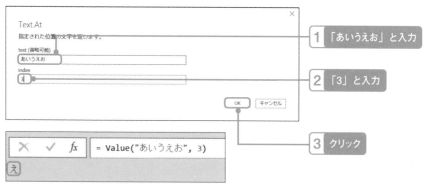

図4-10　関数に変数を渡して試す

Text.At関数の動作を確認し終わったら、「適用したステップ」から「呼び出された関数Value」と「Value」を削除すると元の状態に戻ります。

このクエリを「shared_Text」として「閉じて読み込む」を実行しておくと、クエリの編集画面で他の関数の確認に再利用できます。

図4-11　関数一覧の保存

3 | 見えない文字とnullの取り扱い

スペースや改行文字などの目に見えない文字をクレンジングします。

トリミング：先頭・末尾の余分なスペースを取り除く

先頭や末尾の不要なスペースを削除します。

図4-12　先頭・末尾の余分なスペースを取り除く

テキストの先頭や末尾に見えないスペースが含まれていると、集計するときに同じデータとして扱われませんので、これらを除去して同じデータに統一します。

◎「トリミング」で先頭と末尾のスペースを除く

「トリミング」から「テーブルまたは範囲から」でエディターを開きます。テキストデータの後ろに「…」があるセルは列の幅を超えた大量のスペースが存在することを示しています。

序章
1
2
3
4
5
6
7

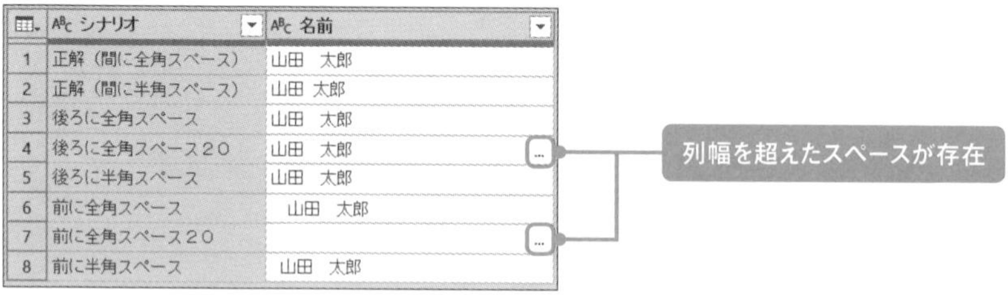

	シナリオ	名前
1	正解（間に全角スペース）	山田　太郎
2	正解（間に半角スペース）	山田 太郎
3	後ろに全角スペース	山田　太郎
4	後ろに全角スペース２０	山田　太郎
5	後ろに半角スペース	山田　太郎
6	前に全角スペース	山田　太郎
7	前に全角スペース２０	
8	前に半角スペース	山田　太郎

図4-13　前後にあるスペース

「名前」列を選択し、「トリミング」で先頭・末尾のスペースを除去します。

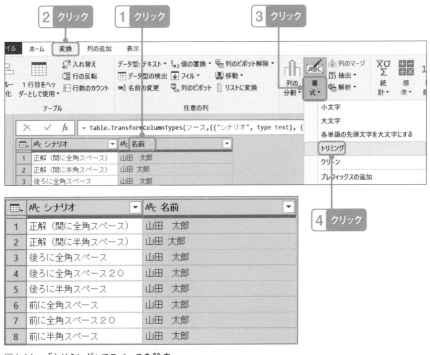

図4-14 「トリミング」でスペースを除去

姓と名の間にあるスペースはそのまま残ります。

クリーン：改行文字を取り除く

テキストの中の改行文字列を取り除きます。

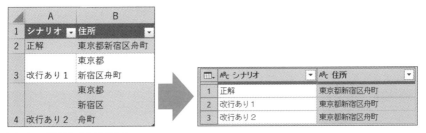

図4-15 改行文字を取り除く

◎「クリーン」で改行文字を取り除く

　「クリーン」テーブルから「テーブルまたは範囲から」でエディターを開きます。改行文字が混じった「住所」列を選択し、「クリーン」で改行文字を除去します。

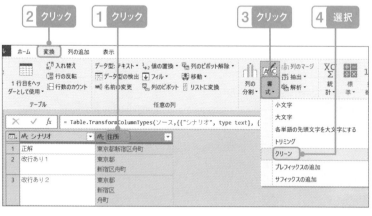

図4-16　改行文字が削除された

4　セル結合や空白行を埋める

　Excelでは何かと悪者にされるセル結合です。セル結合されてしまうと、先頭行にだけ値が入り、それ以降の行がブランクになって、データベース形式の表にならないためです。

　このようなデータでもパワークエリの「フィル」を使えば簡単にデータベース形式に変換できます。

フィル：セル結合された空白(null)を埋める

「フィルセル結合」表のA1セルにカーソルを置き、「テーブルまたは範囲から」をクリックします。

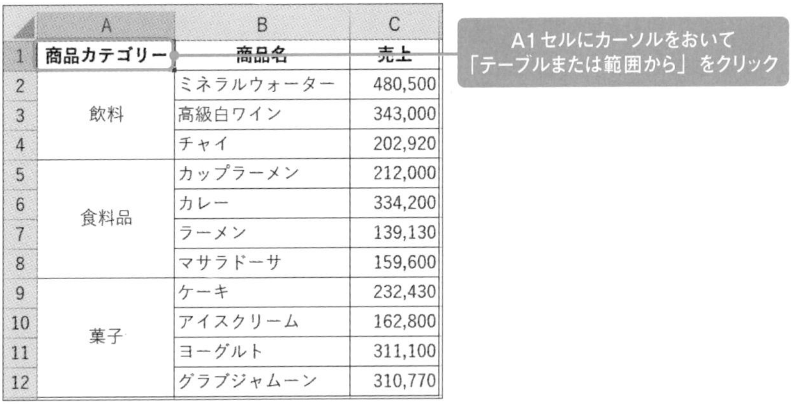

	A	B	C
1	商品カテゴリー	商品名	売上
2	飲料	ミネラルウォーター	480,500
3		高級白ワイン	343,000
4		チャイ	202,920
5	食料品	カップラーメン	212,000
6		カレー	334,200
7		ラーメン	139,130
8		マサラドーサ	159,600
9	菓子	ケーキ	232,430
10		アイスクリーム	162,800
11		ヨーグルト	311,100
12		グラブジャムーン	310,770

図4-17　セル結合された表

「テーブルの作成」ウィンドウが表示されたら、「先頭行をテーブルの見出しとして使用する」にチェックが入っているのを確認して、エディターを開きます。セル結合された「商品カテゴリー」列は一番上の行にだけデータがあり、その下はブランクのnullになります。

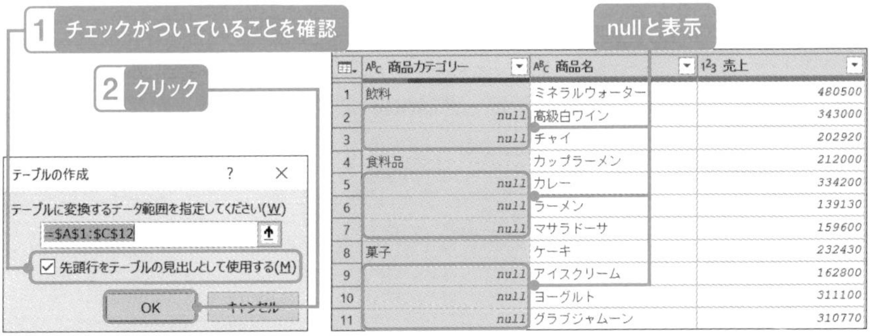

図4-18　セル結合された「商品カテゴリー」列をPower Queryで開いたとき

「商品カテゴリー」列を選択し、下方向フィルで**null**データを埋めます。

図4-19　上にあったデータで塗り替えられる

フィル：空文字とnullの違い

Excelには何もデータが入っていないように見えても、本当のブランクではない**空文字**があります。このようなデータは**null**に似ていますが、異なる振る舞いをするので注意が必要です。

「フィル空文字とnull」表のA1セルにカーソルをおき、「テーブルまたは範囲から」をクリックします。この段階では各商品カテゴリーの下の部分はすべてブランクのように見えます。

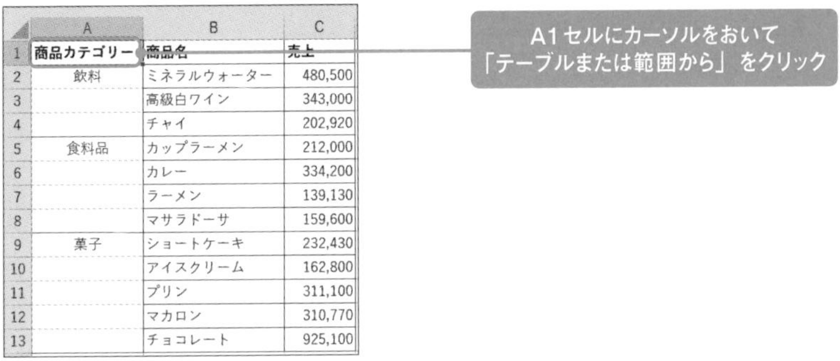

図4-20　ブランクのように見えるセル

　Power Queryエディターで「商品カテゴリー」の10行目を見ると、**null**ではないが空のセルがあります。これが**空文字**です。

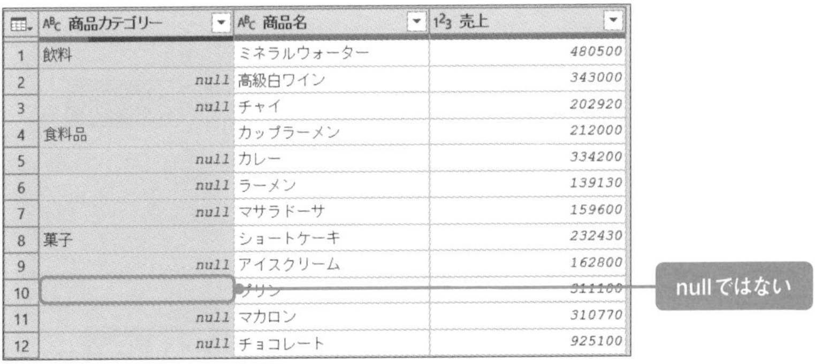

nullではない

図4-21　「null」ではない空文字

　セル結合のときと同じように、「商品カテゴリー」列を選択して、「変換」タブの「フィル」から「下」を選択すると空文字の10行目にデータがあるとみなされ、データ埋めが9行目で止まってしまいます。

商品カテゴリー	商品名	売上
1	飲料	ミネラルウォーター	480500
2	飲料	高級白ワイン	343000
3	飲料	チャイ	202920
4	食料品	カップラーメン	212000
5	食料品	カレー	334200
6	食料品	ラーメン	139130
7	食料品	マサラドーサ	159600
8	菓子	ショートケーキ	232430
9	菓子	アイスクリーム	162800
10		プリン	311100
11		マカロン	310770
12		チョコレート	925100

フィルされない。

図4-22 空文字はフィルで埋められない

「下方向へコピー済み」ステップを削除してフィルを取り消し、空文字を**null**
に置換します。

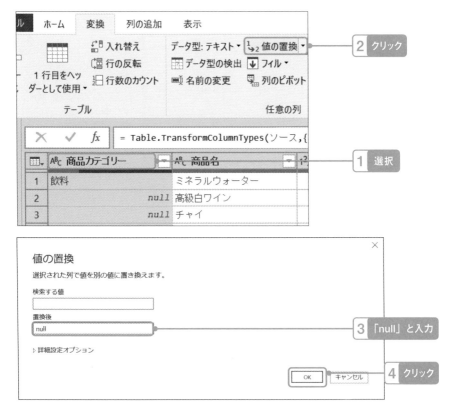

図4-23 「値の置換」で空文字を「null」に

	ABC 商品カテゴリー	ABC 商品名	1²₃ 売上
1	飲料	ミネラルウォーター	480500
2	null	高級白ワイン	343000
3	null	チャイ	202920
4	食料品	カップラーメン	212000
5	null	カレー	334200
6	null	ラーメン	139130
7	null	マサラドーサ	159600
8	菓子	ショートケーキ	232430
9	null	アイスクリーム	162800
10	null	プリン	311100
11	null	マカロン	310770
12	null	チョコレート	925100

「null」に置換された

図4-24　空文字がnullに置換された

　この段階でもう一度、「変換」タブの「フィル」から「下」を選択すると、今度はきれいに値が埋められます。

	ABC 商品カテゴリー	ABC 商品名	1²₃ 売上
1	飲料	ミネラルウォーター	480500
2	飲料	高級白ワイン	343000
3	飲料	チャイ	202920
4	食料品	カップラーメン	212000
5	食料品	カレー	334200
6	食料品	ラーメン	139130
7	食料品	マサラドーサ	159600
8	菓子	ショートケーキ	232430
9	菓子	アイスクリーム	162800
10	菓子	プリン	311100
11	菓子	マカロン	310770
12	菓子	チョコレート	925100

図4-25　「フィル」で「下」を選択

テキストの一部分を切り出す処理です。部分を切り出すには、先頭や末尾から何文字目といった位置や、区切り文字で切り出す方法があります。

文字位置による抽出

テキストデータの先頭5文字目まで、末尾から3文字、または2文字目から3文字といった文字の位置で切り出します。

「文字位置による抽出」で「テーブルまたは範囲から」をクリックします。

Power Queryエディターが開いたら、「抽出」で「ID」列の最初の文字を切り出します。

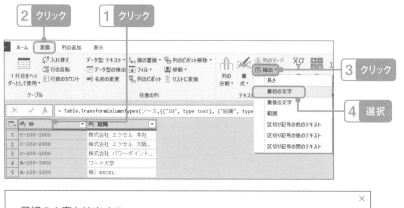

図4-26 「最初の文字を抽出する」

「ID」の先頭1文字目が切り出されました。

	ID	組織
1	C	株式会社 エクセル 本社
2	C	株式会社 エクセル 大阪...
3	C	株式会社 パワーポイント...
4	A	ワード大学
5	A	株）EXCEL

図4-27　1文字が抽出された

なお、「列の追加」タブから「抽出」を実行すると、元の「ID」列を残したまま、抽出したテキストを「最初の文字」として追加できます。

	ID	組織	最初の文字
1	C-100-1000	株式会社 エクセル 本社	C
2	C-100-2000	株式会社 エクセル 大阪...	C
3	C-200-1000	株式会社 パワーポイント...	C
4	A-100-1000	ワード大学	A
5	A-100-1000	株）EXCEL	A

図4-28　別な列に「ID」の先頭1文字目が切り出された

以下、文字の位置による抽出オプションの例です。このうち、「範囲」の「開始インデックス」については最初の1文字目が「0」から始まることに注意してください。

元の文字：C-100-1000

抽出条件	値	結果	解説
最初の文字	1（カウント）	C	対応EXCEL関数LEFT
最後の文字	4（カウント）	1000	対応EXCEL関数RIGHT
範囲	2（開始インデックス） 3（文字数）	100	対応EXCEL関数MID ただし、開始インデックスは0開始

表4-1　文字の位置による抽出例

区切り記号による抽出

任意の区切り記号による抽出です。区切り記号が複数ある場合は、先頭から
いくつ目の区切り記号で抽出するかも指定できます。

「区切り記号による抽出」から「テーブルまたは範囲から」をクリックします。

エディターが開いたら「ID」列を選択し、「抽出」で区切り記号の前のテキス
トを切り出します。

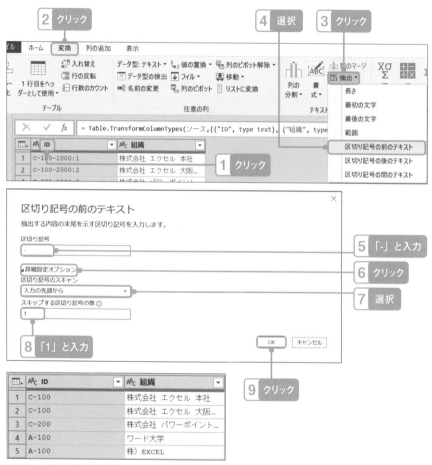

図4-29　区切り記号で抽出された

以下、区切り記号による抽出オプションの例です。「区切り記号の間のテキスト」では開始と終了で異なる区切り記号を選択できます。

元の文字：C-100-1000:1

抽出条件	区切り記号	結果
区切り記号の前のテキスト	-	C
区切り記号の後のテキスト	-	100-1000:1
区切り記号の間のテキスト	-（開始区切り記号） :（終了区切り記号）	100-1000

表4-2　区切り記号による抽出例

6　テキストの変換

　具体的なテキストを変換していく手順を紹介します。

アルファベット文字の整形

　アルファベット文字列をすべて大文字・小文字にする、単語の先頭の文字だけ大文字でそれ以降は小文字にするといったアルファベット整形の処理です。

　日本語環境では使用頻度は少ないかもしれませんが、データソースとしてフォルダー内の複数のファイルを一括して読み込む場合、拡張子を揃えるのに役立ちます。例えば、EXCELの拡張子がxlsxとXLSXとが入りまじっている場合、すべて「xlsx」にしてフィルターをかければ、EXCELファイルだけを抽出できます。

　「アルファベットの変換」から「テーブルまたは範囲から」でエディターを開き、「Organization Name」列を選択し、小文字に変換します。なお、全角アルファベットも同じく小文字に変換されます。

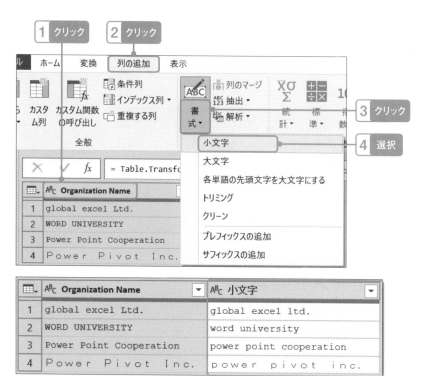

図4-30 「小文字列」が追加された

　同様に「Organization Name」列を選択し、「書式」の中から「大文字」と「各単語の先頭文字を大文字にする」を実行します。

	ABC Organization Name	ABC 小文字	ABC 大文字	ABC 各単語の先頭文字を大文字にする
1	global excel Ltd.	global excel ltd.	GLOBAL EXCEL LTD.	Global Excel Ltd.
2	WORD UNIVERSITY	word university	WORD UNIVERSITY	Word University
3	Power Point Cooperation	power point cooperation	POWER POINT COOPERATION	Power Point Cooperation
4	Power Pivot Inc.	power pivot inc.	POWER PIVOT INC.	Power Pivot Inc.

図4-31 「大文字」と「各単語の先頭文字を大文字にする」を実行

　それぞれの処理の結果と対応するExcel関数は以下のとおりです。

元の文字：gLObal eXCEl LTd.

条件	結果	対応EXCEL関数
小文字	global excel ltd.	LOWER
大文字	GLOBAL EXCEL LTD.	UPPER
各単語の先頭文字を大文字にする	Global Excel Ltd.	PROPER

表4-3　アルファベット変換の結果と対応するExcel関数

Text.PadStart：文字の先頭をゼロで埋める

　テキストを所定の桁数に揃えるため、先頭（や末尾）にスペースや0を付けます。例えば、本来先頭が「0」で埋められた社員番号がExcelファイルで編集しているうちに数字型に変換され、0がなくなってしまった場合、0付きに統一できます。

図4-32　文字の先頭をゼロで埋める

◎数字の先頭を0で埋める

　「先頭ゼロ埋め」から「テーブルまたは範囲から」でエディターを開きます。

　「社員番号」列が数字型のためテキスト型に変換したあと、先頭6桁0埋めのカスタム列を追加します。

　▶「列の追加」タブ→カスタム列

　▶カスタム列の式→

　= Text.PadStart([社員番号], 6, "0")

　▶OK

先頭が0埋めされた6桁の社員コードが「カスタム」列として追加されます。

	ᴬᴮC 社員番号	ᴬᴮC 名前	₁₂₃ᴬᴮC カスタム
1	1	歌川 国政	000001
2	002	安藤 広重	000002
3	000057	葛飾 応為	000057
4	002001	川瀬 巴水	002001

図4-33　0埋めされた番号が「カスタム」列として追加される

ちなみに、末尾を埋める関数は**Text.PadEnd**関数です。

Date.ToText：日付型データを任意のテキストに

日付型のデータを「2020年10月8日（土曜日)」といった、任意のフォーマットのテキストに変換します。

「日付データの変換」から「テーブルまたは範囲から」でエディターを開き、「訪問日付」を日付/時刻型から日付型データにします。

	ᴬᴮC 会社	訪問日付	
1	株式会社 エクセル	2020/09/02	日付型に変更
2	ワード大学	2020/09/24	
3	NPO法人 パワーポイント	2020/10/25	

図4-34　日付型に変換された

次に訪問日付をyyyyMMddフォーマットにした列を追加します。
> 「列の追加」タブ→カスタム列
> カスタム列の式
　= Date.ToText([訪問日付], "yyyyMMdd")
> OK

これで「訪問日付」データが8桁のyyyyMMddフォーマットに変換されました。月は「mm」ではなく、大文字の「MM」で指定します。

	ABC 会社	▾	訪問日付	▾	ABC 123 カスタム	▾
1	株式会社 エクセル		2020/09/02	20200902		
2	ワード大学		2020/09/24	20200924		
3	NPO法人パワーポイント		2020/10/25	20201025		

図4-35　8桁のyyyyMMddフォーマットに変換された

以下、日付フォーマットの使用例となります。

フォーマット	結果	解説
"yyyyMMdd"	20200902 20200924 20201025	MMやddは 2桁ゼロ埋め
"yyyy年M月d日"	2020年9月2日 2020年9月24日 2020年10月25日	Mやdは先頭に ゼロなし
"yyyy年MM月dd日（ddd）"	2020年09月02日（水） 2020年09月24日（木） 2020年10月25日（日）	短縮曜日は ddd
"yyyy年MM月dd日（dddd）"	2020年09月02日（水曜日） 2020年09月24日（木曜日） 2020年10月25日（日曜日）	曜日は dddd

表4-4　フォーマットの使用例

Text.Format：列の値を組み合わせて自由なテキストを作る

複数の列の値とテキストを組み合わせて、任意の文章を作ります。

カスタム	
2020/09/10に株式会社エクセルとの間で500円の売上がありました。	
2020/09/15にワード大学との間で1000円の返品がありました。	
2020/09/20にSharePoint協会との間で2500円の売上がありました。	

図4-36　列の値を組み合わせて自由なテキストを作る

「テキストフォーマット」から「テーブルまたは範囲から」でエディターを開き、以下のカスタム列を追加します。半角と全角の入力に気を付けてください。

▶「列の追加」タブ→カスタム列

▶カスタム列の式

```
= Text.Format(
    "#{0}に#{1}との間で#{2}円の#{3}がありました。",
    { [日付], [客先], [金額], [取引] }
)
```

▶OK

これで各列の値を参照したテキストができました。

日付	取引	金額	客先	カスタム
1	2020/09/10	売上	500	株式会社エクセル	2020/09/10に株式会社エクセルとの間で…
2	2020/09/15	返品	1000	ワード大学	2020/09/15にワード大学との間で1000…
3	2020/09/20	売上	2500	SharePoint協会	2020/09/20にSharePoint協会との間で…

図4-37　各列の値を参照したテキスト

Text.Format関数の変数は前半の「"」で囲まれたテキストの書式と、後半の参照値のリスト部分とに分かれます。#{0}、#{1}、#{2}、#{3}はそれぞれ順番に、後半のリストの[日付], [客先], [金額], [取引]の値を参照し、それに任意の文字列を組み合わせて1つのテキストデータを作っています。

それぞれの列を「&」でつないだ場合、テキスト型以外のデータを使うとエラーになりますが、Text.Format関数は他の型のデータを使ってもエラーが起こらないメリットがあります。

任意の文字の置換

「値の置換」で、特定の文字列をまとめて置換することができます。
今回のシナリオでは表記ゆれがあるテキストデータを統一します。

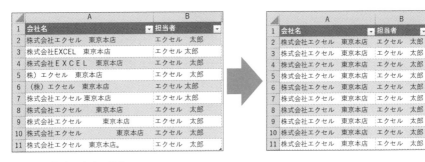

図4-38　任意の文字の置換

◎「EXCEL」を「エクセル」に変換

「文字の置換」から「テーブルまたは範囲から」でエディターを開きます。

「会社名」列を選択し、「値の置換」で「EXCEL（半角）」を「エクセル」に置換します。全角アルファベットは別な文字と認識されるので「ＥＸＣＥＬ（全角)」はそのままです。

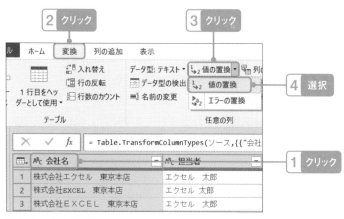

図4-39　「値の置換」

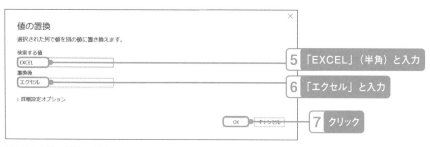

図4-40　値の置換の設定

1	株式会社エクセル　東京本店	エクセル　太郎
2	株式会社エクセル　東京本店	エクセル　太郎
3	株式会社ＥＸＣＥＬ　東京本店	エクセル　太郎

全角文字はそのまま

図4-41　半角「EXCEL」を「エクセル」に置換

同様の手続きで「ＥＸＣＥＬ（全角）」を「エクセル」に置換します。

	ᴬᴮ꜀ 会社名	ᴬᴮ꜀ 担当者
1	株式会社エクセル　東京本店	エクセル　太郎
2	株式会社エクセル　東京本店	エクセル　太郎
3	株式会社エクセル　東京本店	エクセル　太郎

図4-42　全角「ＥＸＣＥＬ」を「エクセル」に置換

◎法人格の統一

「会社名」の先頭の法人格を「株式会社」に統一します。「㈱)」があるので、「値の置換」でこれを「株式会社」に置換します。

すると、4行目は問題ありませんが、5行目が部分的に置換され、先頭に「(株式会社」となってしまいました。

4	株）エクセル　東京本店	エクセル　太郎
5	(株）エクセル　東京本店	エクセル　太郎

4	株式会社エクセル　東京本店	エクセル　太郎
5	(株式会社エクセル　東京本店	エクセル　太郎

図4-43　「株）」を「株式会社」に

「株）」という文字列が「(株）」という文字列の一部であったため、このような問題が起きました。このようにテキストクレンジングでは整形する順番を意識しなくてはなりません。原則として、**長い文字列から置換していきます。**

「置き換えられた値2」ステップを削除し、まず「(株）」を「株式会社」に置換します。今度は、4行目はそのままで5行目が正しく置換されました。

4	株）エクセル　東京本店	エクセル　太郎
5	株式会社エクセル　東京本店	エクセル　太郎

図4-44　「(株）」を「株式会社」に

続いて、「（株）」を「株式会社」に置換します。これで4行目、5行目とも「株式会社」に統一できました。

| 5 | 株式会社エクセル 東京本店 | エクセル 太郎 |
| 6 | 株式会社エクセル 東京本店 | エクセル 太郎 |

図4-45　正しく「株式会社」に変換

◎半角スペースを全角スペースに置換

半角スペースは「会社名」列と「担当者」列にあるので2つの列をまとめて選択し、全角スペースに置換します。

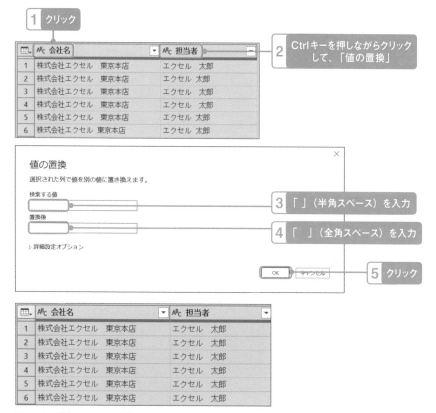

図4-46　半角スペースを全角スペースに

◎連続するスペースを1つのスペースに

　6行目までは統一できましたが、7行目以降は複数のスペースがあるため、整っていません。再び「会社名」列を選択し、「値の置換」で「　　」（全角スペース2つ）、を「　」（全角スペース1つ）に置換します。

6	株式会社エクセル　東京本店	エクセル　太郎
7	株式会社エクセル　　　東京本店	エクセル　太郎
8	株式会社エクセル　　　　東京本店	エクセル　太郎
9	株式会社エクセル　　　　　　東京本店	エクセル　太郎

図4-47　1つの全角スペースに整える

　これで連続する2つのスペースが1つのスペースになりました。ただし、まだ連続するスペースがあるので、同じ手順をあと2回ほど繰り返します。
2つのスペースを1つに置換しているので、繰り返していくと必ず最後に1つのスペースが残ります。

6	株式会社エクセル　東京本店	エクセル　太郎
7	株式会社エクセル　東京本店	エクセル　太郎
8	株式会社エクセル　東京本店	エクセル　太郎
9	株式会社エクセル　東京本店	エクセル　太郎

図4-48　スペースが1つに統一された

　最後に文字の削除を行います。10行目のデータ末尾に不要な「。」があるので、これを削除します。
「値の置換」で「置換後」に何も入力しないと、その文字を削除できます。

| 10 | 株式会社エクセル　東京本店。 | エクセル　太郎 |

図4-49　「。」を削除

　これですべての行のデータを同一のテキストに統一できました。

　今回は1つ1つのステップを個別に実行したため、煩雑に感じたかもしれませんが、後述する「変換リスト」を使用した一括文字列置換ではこれを1つのステップで完了させます。

7 文字列変換リストを使った 一括文字列置換

　パワークエリは残念ながら日本語向けのテキスト変換機能は乏しいのが現状です。例えば、Excelでいうところの「半角テキストを全角テキストに変換する」JIS関数や、逆に「全角テキストを半角テキストに変換する」ASC関数は存在しません。

　しかし、**自作の「変換リスト」を用意し、List.Accumlate関数と組み合わせた繰り返し処理を行うことで、それらを一括変換できます。** さらに、任意の表記ゆれの整形、文字列の一括削除も可能です。

　こちらのテクニックは、私がTwitterでお世話になっている狸さんの以下のブログ記事を参考にさせて頂いたものです。とても便利なテクニックなのでぜひマスターしてください。

　　『複数の語句をまとめて置換する』
　　https://qiita.com/tanuki_phoenix/items/94fb489726a42ad764b5

変換テーブルによる一括テキスト標準化

　以下のようにバラバラの表記ゆれに満ちたデータを、変換リストで統一データに一括変換します。

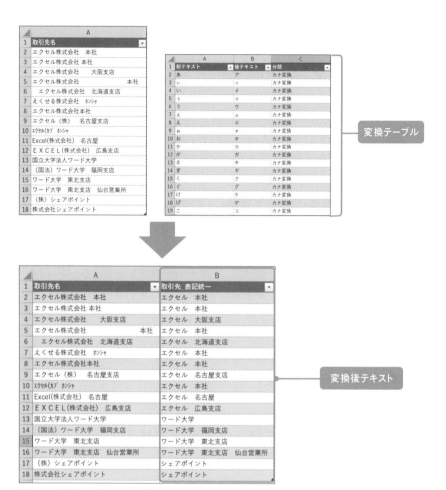

図4-50 変換テーブルによる一括テキスト標準化

◎変換リストの作成

「変換リスト」から「テーブルまたは範囲から」でエディターを開き数式バーの「fx」をクリックして新しいステップを手動で追加します。

| 1 | クリック | 直前のステップが表示される |

| × | ✓ | fx | = Table.TransformColumnTypes(ソース,{{"前テキスト", type text|

	ABC 前テキスト	▼	ABC 後テキスト	▼	123 分類	▼
1	あ		ア		カナ変換	
2	い		イ		カナ変換	
3	い		イ		カナ変換	

| × | ✓ | fx | = 変更された型 |

	ABC 前テキスト	▼	ABC 後テキスト	▼	123 分類	▼
1	あ		ア		カナ変換	
2	い		イ		カナ変換	
3	い		イ		カナ変換	

図4-51　直前のステップを参照

このテーブルをリスト型データに変換します。数式バーにカーソルを移動し、数式を以下のように変更し、Enterキーを押します。

```
= Table.ToRecords(変更された型)
```

画面がリスト型データ表示に変化し、それぞれの行はレコード型に変換されます。1行目の緑色の「Record」の文字の隣をクリックして、データの中身を確認してください。

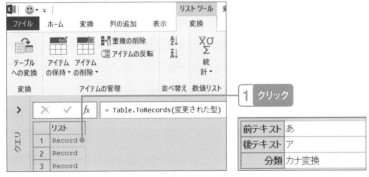

図4-52　テーブルをリスト型データに変換

「変換リスト」クエリを「接続専用」で作成します。

▶「ホーム」タブ→閉じて読み込む▼

　→閉じて次に読み込む…

▶ 接続の作成のみ→OK

変換リスト
接続専用。
リスト型データのアイコン

図4-53　「変換リスト」クエリが作成された

◎List.Accumlate関数で一括置換

テキストクレンジングの対象となる「取引先_表記ゆれ」から「テーブルまたは範囲から」でエディターを開き、文字列一括変換用のカスタム列を追加します。

▶「列の追加」タブ→カスタム列

▶新しい列名→「取引先_表記統一」と入力

▶カスタム列の式→以下の式を入力

```
= List.Accumulate(
      変換リスト,
      [取引先名],
      (Customer, ConversionList) =>
          Text.Replace(
              Customer,
              ConversionList[前テキスト],
              ConversionList[後テキスト]
          )
  )
```

▶OK

「取引先_表記統一」列に「変換リスト」の文字列が置換された取引先名が表示されます。

	ABC 取引先名	123 取引先_表記統一
1	エクセル株式会社 本社	エクセル 本社
2	エクセル株式会社 本社	エクセル 本社
3	エクセル株式会社　　大阪...	エクセル 大阪支店
4	エクセル株式会社　　...	エクセル 本社
5	エクセル株式会社　北海...	エクセル 北海道支店
6	えくせる株式会社 ｷﾝｼﾞｬ	エクセル 本社
7	エクセル株式会社本社	エクセル 本社
8	エクセル（株）　名古屋支...	エクセル 名古屋支店
9	ｴｸｾﾙ(ｶﾌﾞ ｷﾝｼﾞｬ	エクセル 本社
10	Excel(株式会社)　名古屋	エクセル 名古屋
11	ＥＸＣＥＬ(株式会社)	エクセル 広島支店
12	国立大学法人ワード大学	ワード大学
13	（国法）ワード大学　福岡...	ワード大学 福岡支店
14	ワード大学 東北支店	ワード大学 東北支店
15	ワード大学 東北支店 仙...	ワード大学 東北支店 仙...
16	（株）シェアポイント	シェアポイント
17	株式会社シェアポイント	シェアポイント

図4-54　5行目の先頭にスペースが残っている

最後の仕上げとしてテキスト前後のスペースをトリミングします。

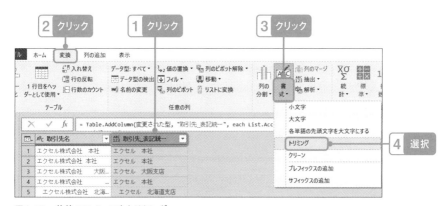

図4-55　前後のスペースをトリミング

「閉じて読み込む」を実行して完成です。

	A	B
1	取引先名	取引先_表記統一
2	エクセル株式会社　本社	エクセル　本社
3	エクセル株式会社 本社	エクセル　本社
4	エクセル株式会社　　大阪支店	エクセル　大阪支店
5	エクセル株式会社　　　　　　本社	エクセル　本社
6	エクセル株式会社　北海道支店	エクセル　北海道支店
7	えくせる株式会社　ホンシャ	エクセル　本社
8	エクセル株式会社本社	エクセル　本社
9	エクセル（株）　　名古屋支店	エクセル　名古屋支店
10	エクセル(カブ　ホンシャ	エクセル　本社
11	Excel(株式会社)　名古屋	エクセル　名古屋
12	ＥＸＣＥＬ(株式会社)　広島支店	エクセル　広島支店
13	国立大学法人ワード大学	ワード大学
14	（国法）ワード大学　福岡支店	ワード大学　福岡支店
15	ワード大学　東北支店	ワード大学　東北支店
16	ワード大学　東北支店　仙台営業所	ワード大学　東北支店　仙台営業所
17	（株）シェアポイント	シェアポイント
18	株式会社シェアポイント	シェアポイント

図4-56　統一された「取引先名」

◎List.Accumlate関数について

List.Accumlate関数は、リスト型データによる繰り返し（ループ）処理を実現します。

つまり、①リスト型のデータ、②最初のデータ、③繰り返す関数の3つを引数として受け取り、②の最初のデータに①のリスト型データの数だけ、③関数を繰り返します。

今回の例でいうと、それぞれの行の②「取引先」テキストに、①変換リストの数だけ、③値の置換を行いました。

③は＝＞で関数化された部分です。

```
(Customer, ConversionList) =>
   ・・・
      )
```

ここではText.Replace関数で、**Customer**の中の、**ConversionList[前テキスト]**の文字列を**ConversionList[後テキスト]**に置換しています。

```
Text.Replace(
    Customer,
    ConversionList[前テキスト],
    ConversionList[後テキスト]
)
```

変換リストの説明と使用方法

　変換リストの構成・作り方・使用方法について解説します。なお、変換リストは上から順番に処理されるので前節の「任意の文字の置換」と同じ原則が当てはまります。

◎変換リストの構成

　変換リストは「前テキスト」、「後テキスト」、「分類」の3列で構成されています。

	A 前テキスト	B 後テキスト	C 分類
1	前テキスト ▼	後テキスト ▼	分類 ▼
2	あ	ア	カナ変換
3	い	イ	カナ変換
4	い	イ	カナ変換
5	う	ウ	カナ変換
6	う	ウ	カナ変換

図4-57　変換リストの3つの列

「前テキスト」は置換対象テキストで、「後テキスト」は置換後のテキストです。「分類」は変換に直接使用しませんが、リストを管理するために使用します。

◎変換リストの順番

変換リストには以下の分類があります。

- ・文字種変換（全角⇒半角／半角⇒全角／カナ⇒かな／カナ⇒かな）
- ・特定テキスト変換（EXCEL⇒エクセルなど任意のテキスト変換）
- ・削除（特定テキストの削除）
- ・連続スペース変換

変換リストは上から順に処理されるので、まず「文字種変換」で文字種を統一しておくと、後続の処理をシンプルにできます。例えば、全角の「ＥＸＣＥＬ」と半角の「EXCEL」の2つの文字があり、それらをカナの「エクセル」に変換するには、事前に文字種をすべて全角に統一しておくと、後続の「特定テキスト」変換で全角の「ＥＸＣＥＬ」をカナの「エクセル」にする処理1つで足ります。

◎文字種変換リストの作り方

文字種変換リストは「空のクエリ」でリスト型データとして作ります。

{}はリスト型データを表す表記ですが、以下のように先頭の文字と最後の文字の間に「 .. 」を入れることで連続データを作ることができます。また、「&」でリストを結合できます。

- ▶「データ」タブ→データの取得
  →その他のデータソースから→空のクエリ
- ▶数式バーで以下の式を入力

```
= {"0" .. "9"} & {"0" .. "9"}
```

「閉じて読み込む」を実行し、クエリの結果を横にコピーペーストで並べて変換リストを作ります。

	A
1	クエリ1
2	0
3	1
4	2
5	3
6	4
7	5
8	6
9	7
10	8
11	9
12	０
13	１
14	２
15	３

前テキスト	後テキスト
0	０
1	１
2	２
3	３
4	４
5	５
6	６
7	７
8	８
9	９

図4-58　文字種変換リストを作る

同様にアルファベットや「かな／カナ」についてもペアを作成して変換リストを作成します。

```
= {"ｱ" .. "ﾝ"} & {"あ" .. "ん" } & {"a" .. "z"} & {"ａ" .. "ｚ"}
& {"A" .. "Z"} & {"Ａ" .. "Ｚ"}
```

ただし、半角カナや濁音の含まれるかなやカナの場合、順番どおりではペアにならないケースがあるので適宜内容を見ながら作成してください。

◎特定テキスト変換

特定テキスト変換は以下のように、任意の文字列の変換です。こちらも「値の置換」と同じ原則で、**部分が共通するテキストについては長い方から変換するのが原則です。**

	前テキスト	後テキスト	分類
224	エクセル本社	エクセル　本社	特定テキスト変換
225	ﾎﾝｼｬ	本社	特定テキスト変換
226	Ｅｘｃｅｌ	エクセル	特定テキスト変換
227	ＥＸＣＥＬ	エクセル	特定テキスト変換

図4-59　特定テキスト変換

◎連続スペースの削除

　連続スペースの削除についても「値の置換」と同じで、「前テキスト」に2つのスペースを、「後テキスト」に1つのスペースを置いた変換リストを複数行作ります。

　今回の例では半角スペースをすべて全角スペースに統一し、その後連続で全角スペース処理を複数行入れています。

	A	B	C
228			全角スペースへ変換
229			連続全角スペース処理
230			連続全角スペース処理
231			連続全角スペース処理
232			連続全角スペース処理

	A 取引先名	B 取引先_表記統一
1	取引先名	取引先_表記統一
2	エクセル株式会社　本社	エクセル　本社
3	エクセル株式会社 本社	エクセル　本社
4	エクセル株式会社　　大阪支店	エクセル　大阪支店
5	エクセル株式会社　　　　本社	エクセル　本社

図4-60　連続スペースの削除

◎テキストの削除

　特定の文字列を削除するときには、変換リストの「前テキスト」に削除するテキストを入力し、「後テキスト」をブランクにするのではなく「'」（アポストロフィー）を入力します。

B217		× ✓ fx	'	
	前テキスト	後テキスト	分類	
217	（株式会社）		削除	← 「'」を入力
218	株式会社		削除	
219	国立大学法人		削除	
220	（国法）		削除	
221	（株）		削除	
222	(株式会社)		削除	
223	(カブ		削除	

図4-61　「後テキスト」に「'」を入力

「後テキスト」をブランクにしたままにすると、**List.Accumlate**関数で読み出されるText.Replace関数の第3引数が**null**になって、エラーになります。

List.Buffer関数によるパフォーマンス改善

一括テキスト変換処理はとても便利ですが、変換リストや変換対象のデータが増大すると処理速度が急減します。それは裏側でパワークエリが呼び出されたリストを1行1行のワークシートまで都度読み込みに行っているためです。そういった場合、**List.Buffer**関数を使って変換リストをメモリーの中に読み込み、繰り返し読み込みを防止するとパフォーマンスを改善できるケースがあります。

例えていうならば、調べ物をするために都度、図書館に行って本を開くのではなく、代わりに図書館から本を借りてきて手元に置いて参照するイメージです。

一括テキスト置換で作成した「取引先_表記ゆれ」クエリを開き、「詳細エディター」を開きます。

図4-62 「詳細エディター」を開く

Mのソースコードが表示されます。ここでは、①変換リストの内容をメモリーに読み込む処理を追加し、②変換リストの代わりに①を読み込む処理に差し替えます。

まず、最初の行に以下の記述を追加します。行末の「,」を忘れないようにしてください。

```
// リストバッファ読み込み
BF_変換リスト = List.Buffer(変換リスト),
```

「//」はコメントを表す記号で、その行の処理は無効になります。

その下の**BF_変換リスト = List.Buffer(変換リスト),**では、「変換リスト」の内容を「BF_変換リスト」という入れ物に一時的に入れています。

続いて、**List.Accumlate**関数の第1引数の「変換リスト」を先ほど用意した「BF_変換リスト」に差し替えます。「変換リスト」の前に「//」を書いてコメントアウトし、その下に「BF_変換リスト,」と記述します。

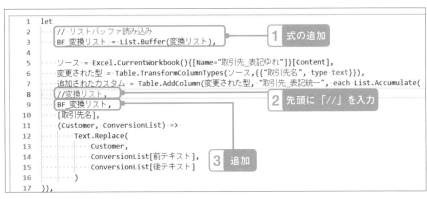

```
1   let
2       // リストバッファ読み込み
3       BF_変換リスト = List.Buffer(変換リスト),
4
5       ソース = Excel.CurrentWorkbook(){[Name="取引先_表記ゆれ"]}[Content],
6       変更された型 = Table.TransformColumnTypes(ソース,{{"取引先名", type text}}),
7       追加されたカスタム = Table.AddColumn(変更された型, "取引先_表記統一", each List.Accumulate(
8       //変換リスト,
9       BF_変換リスト,
10      [取引先名],
11      (Customer, ConversionList) =>
12          Text.Replace(
13              Customer,
14              ConversionList[前テキスト],
15              ConversionList[後テキスト]
16          )
17  )),
```

1 式の追加
2 先頭に「//」を入力
3 追加

図4-63　「List.Buffer」による置き換え

右下の「完了」をクリックして元の画面に戻ります。エラーなくプレビューが表示されていることを確認してください。

	ABC 取引先名	▼	ABC 取引先_表記統一	▼
1	エクセル株式会社　本社		エクセル　本社	
2	エクセル株式会社 本社		エクセル　本社	
3	エクセル株式会社　　大阪...		エクセル　大阪支店	

図4-64　エラーがないか確認

「閉じて読み込む」を実行し、テキスト変換が変わりなくできていることを確認してください。

	A	B
1	取引先名 ▼	取引先_表記統一 ▼
2	エクセル株式会社　本社	エクセル　本社
3	エクセル株式会社 本社	エクセル　本社
4	エクセル株式会社　　大阪支店	エクセル　大阪支店

図4-65　テキスト変換後

今回は件数も少ないので変化は感じられませんが、実運用で遅くなったときは**List.Buffer**関数を試してください。

8　カテゴライズによる名寄せ

データ・クレンジング作業において、「名寄せ」はとても重要なタスクです。

例えば、システム導入当初は自由なテキスト入力で管理していた顧客名ですが、取引の増大や顧客管理システムの導入のため、マスタ化することになったとします。

こういうとき、従来はExcelファイルにエクスポートした膨大な売上データに人力でマスタコードを振っていく作業が必要でした。しかし、パワークエリがあればそれをほとんど自動化できます。

名寄せのプロセスは以下のようにステップ化できます。

・対象テーブルのテキスト部分のクレンジング（前節参照）
・名寄せテーブルによる分類

最初の「テキストデータのクレンジング」を行うことで、分類テーブルの候補を少なくすることができます。ただし、表記ゆれのパターンが少ない場合は分類テーブルにそのパターンを追加してしまえばよいので省略してもよいです。

名寄せテーブルを使用した名寄せ

組織名と支店名のテキストを、分類テーブルを元に組織単位でコード化します。

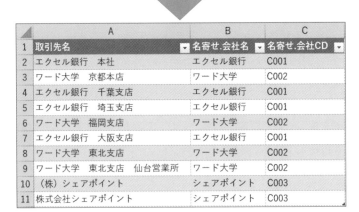

図4-66　名寄せテーブルを使用した名寄せ

◎名寄せテーブルの用意

まず「名寄せテーブル」の「接続専用」クエリを用意します。

◎すべての組み合わせを作り、条件列で名寄せ

「取引先_名寄せ」から「テーブルまたは範囲から」でエディターを開き、名寄せテーブル列を追加します。

▶「列の追加」タブ→カスタム列

▶「カスタム列の式」に以下の式を入力

= 名寄せテーブル

▶OK

図4-67　「名寄せ」テーブルの中身

　続いて、「カスタム列」を展開し、「取引先」と「名寄せ」のすべての組み合わせを用意します。「取引先」が10行、「名寄せ」が3行あったので、全部で3×10=30行のテーブルになります。

▶「カスタム列」右の展開ボタン

　→「元の列名をプレフィックスとして使用します」のチェックを外す

▶OK

図4-68　組み合わせのテーブル

　ここから「条件列」で適切な候補に絞り込んでいきます。

▶「列の追加」タブ→条件列

「条件列の追加」では以下のように入力します。

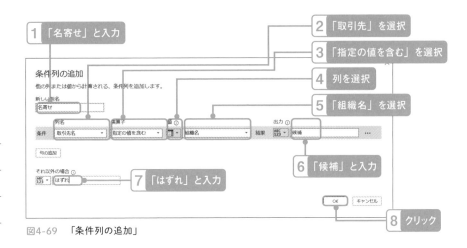

図4-69 「条件列の追加」

これで「名寄せ」テーブルの「組織名」を含む候補を判定できました。
「名寄せ」列のフィルターで、「候補」のみに絞ります。

	ABC 取引先名	123 組織名	123 組織CD	123 名寄せ
1	エクセル銀行　本社	エクセル銀行	C001	候補
2	エクセル銀行　本社	ワード大学	C002	はずれ
3	エクセル銀行　本社	シェアポイント	C003	はずれ
4	ワード大学　京都本店	エクセル銀行	C001	はずれ
5	ワード大学　京都本店	ワード大学	C002	候補
6	ワード大学　京都本店	シェアポイント	C003	はずれ
7	エクセル銀行　千葉支店	エクセル銀行	C001	候補
8	エクセル銀行　千葉支店	ワード大学	C002	はずれ
9	エクセル銀行　千葉支店	シェアポイント	C003	はずれ

図4-70 名寄せ候補の特定

▶「名寄せ」列右の▼をクリック
▶「はずれ」のチェックを外す→OK

これで候補の行のみ絞り込まれました。今回は全件1つの分類が正しく当たったので、元の10行に戻りました。

	取引先名	組織名	組織CD	名寄せ
1	エクセル銀行　本社	エクセル銀行	C001	候補
2	ワード大学　京都本店	ワード大学	C002	候補
3	エクセル銀行　千葉支店	エクセル銀行	C001	候補
4	エクセル銀行　埼玉支店	エクセル銀行	C001	候補
5	ワード大学　福岡支店	ワード大学	C002	候補
6	エクセル銀行　大阪支店	エクセル銀行	C001	候補
7	ワード大学　東北支店	ワード大学	C002	候補
8	ワード大学　東北支店　仙..	ワード大学	C002	候補
9	（株）シェアポイント	シェアポイント	C003	候補
10	株式会社シェアポイント	シェアポイント	C003	候補

図4-71　名寄せ結果

今回のシナリオは、「クエリの結合」のように照合列を使った「完全一致」による表の結合ができない場合、テキストの「部分一致」の判定で名寄せするシナリオです。

「カスタム列の追加」で分類テーブル名をそのまま各行に追加することで、全パターンの組み合わせを作り、その後に「条件列」で部分一致判定を行います。

Table.Buffer関数によるパフォーマンス改善

文字列変換リストによる一括文字列変換と同じようにメモリー読み込みでパフォーマンスを改善することができます。ただし、今回の「名寄せテーブル」はテーブル型データなのでTable.Buffer関数を使用します。

「取引先_名寄せ」クエリの編集画面を開き、「詳細エディター」を開きます。冒頭にバッファ読み込みのため以下の記述を追加します。

```
//テーブルバッファ読み込み
BF_名寄せテーブル = Table.Buffer(名寄せテーブル),
```

続いて参照先を以下のように変更します。

追加されたカスタム ＝ Table.AddColumn(変更された型, "カスタム",
each BF_名寄せテーブル),

図4-72 「Table.Buffer」による置き替え

変更が終わったら「完了」を押し、元の画面に戻ってエラーが無いことを確認します。

これで「閉じて読み込む」を実行してください。

	ABC 取引先名	組織名	組織CD	名寄せ
1	エクセル銀行　本社	エクセル銀行	C001	候補
2	ワード大学　京都本店	ワード大学	C002	候補
3	エクセル銀行　千葉支店	エクセル銀行	C001	候補

	A	B	C	D
1	取引先名	組織名	組織CD	名寄せ
2	エクセル銀行　本社	エクセル銀行	C001	候補
3	ワード大学　京都本店	ワード大学	C002	候補
4	エクセル銀行　千葉支店	エクセル銀行	C001	候補
5	エクセル銀行　埼玉支店	エクセル銀行	C001	候補
6	ワード大学　福岡支店	ワード大学	C002	候補
7	エクセル銀行　大阪支店	エクセル銀行	C001	候補
8	ワード大学　東北支店	ワード大学	C002	候補
9	ワード大学　東北支店　仙台営業所	ワード大学	C002	候補
10	（株）シェアポイント	シェアポイント	C003	候補
11	株式会社シェアポイント	シェアポイント	C003	候補

図4-73 「閉じて読み込む」で完成

第5章

数字の計算と集計、
日付・時刻・期間の計算、条件式

本章ではパワークエリを使った以下3種類の計算式について扱います。

- 数字の計算
- 日付や時刻の計算
- 条件式による判断

サンプルは「5. 計算と集計」の「計算と集計.xlsx」を使用します。

計算と集計および時間と条件式

　表形式データの計算には横軸の「1つの行で完結する計算」と、縦軸の「列を集計する計算」の2つがあります。

　1行で完結する計算の例としては、100円の売上に10%の消費税率をかけて税額の10円を計算するというように別な列どうしの計算があります。それに対して、列の集計は商品カテゴリーごとの売上合計や全体売上から見た個別商品の占める割合が例として挙げられます。

　日付や時刻については、5種類のデータが存在するのでそれらを意識して計算します。

　条件式では、ある日の利益率が平均の利益率を下回った場合に、「未達」というテキストを表示するように、数字やテキストの値に応じて処理を分けます。

2　数字の計算：1行で完結する計算

　1行で完結するオーソドックスな四則計算について紹介します。

画面上のメニューを使った計算とnull対応：利益の計算と税額計算

　今回のシナリオでは画面上のメニューを使った計算を説明します。併せて注意すべきポイントの**null**の扱いについて紹介します。

◎売上から原価を引いて利益を計算する

　「売上」から「テーブルまたは範囲から」でエディターを開きます。

　「売上」から「原価」を引き、利益を計算します。列を選択する順番はそのまま計算の順番になるので注意が必要です。

図5-1 「減算」列が追加される

「挿入された引き算」ステップの数式を確認します。

```
= Table.AddColumn(変更された型, "減算", each [売上] - [原価],
Int64.Type)
```

eachの後の**[売上]** - **[原価]**で「売上」列と「原価」列の引き算をしています。末尾の**Int64.Type**は整数型データの設定です。

「減算」の列名を「利益」に変更して完成です。

ダブルクリックして、列名を「利益」に変更

1²₃ 売上	1²₃ 原価	1.2 税率	1²₃ 利益
404800	288500	0.08	116300
175500	71600	null	103900
462000	314400	null	147600

図5-2 列名を「利益」に変更

◎nullデータは0に置換してから計算

「売上」に税率をかけて消費税を計算します。しかし、「税率」列の値を確認すると、税のかからない行の値が**null**になっています。**null**に四則演算を行うと結果はすべて**null**になってしまうので、まず**null**の値を「0」に置換します。

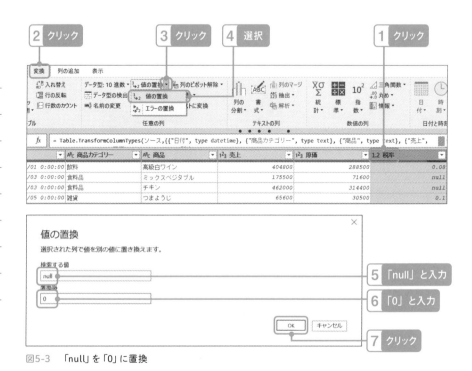

図5-3 「null」を「0」に置換

「売上」に「税率」をかけて消費税額を計算します。

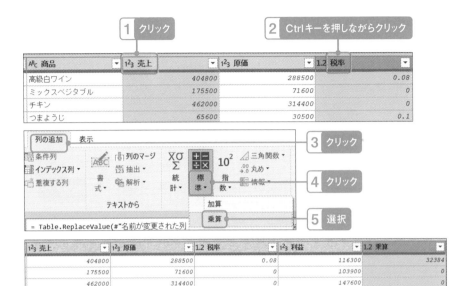

図5-4 「乗算」で「税額」を計算

計算式について：カスタム列を使った計算

画面上のメニューのほか、「カスタム列」でも計算することができます。サンプルとして「売上」テーブルを使用しますが、学習のため売上とは関係のない数式も登場します。

◎四則演算の基本

「売上」から「テーブルまたは範囲から」でエディターを開き、「列の追加」タブの「カスタム列」をクリックします。

図5-5 「カスタム列」をクリック

「カスタム列」画面で以下の数式を入力します。

= 1+1

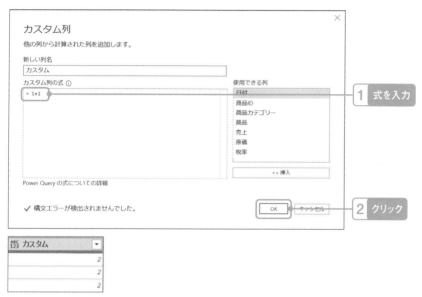

図5-6　カスタム列での計算

「追加されたカスタム」の数式バーを確認します。

= Table.AddColumn(変更された型, "カスタム", each 1+1)

　画面上のメニューによる計算と異なり、カスタム列の追加ではデータ型は設定されないため「すべて」型になります。型変換を行う場合は、後続のステップで型変換を行うか、数式バーで以下のように**Table.AddColumn**関数の第4引数に型を指定します。

```
= Table.AddColumn(変更された型, "カスタム", each 1+1, type
number)
```

同様に「カスタム列」追加で以下の数式を確認していきます。

計算の種類	カスタム列の式	結果	説明
加算	1 + 1	2	
乗算	2 * 3	6	
除算1	10 / 2	5	
除算2	10 / 3	3.3333333333333335	
除算3：商	Number.IntegerDivide(10, 3)	3	
除算4：余り	Number.Mod(10, 3)	1	
計算の順番1	1 + 1 * 3	4	乗算が先に計算される
計算の順番2	(1+1) * 3	6	( ) の中が先に計算される
テキストの加算（エラー）	"1" + "1"	Error	""の中は文字と見なされるので四則演算できない
テキストを数字に変換して加算	Number.FromText("1") + Number.FromText("1")	2	
nullに計算	5 + null	null	nullを計算すると結果はnull

表5-1　カスタム式による計算サンプル

◎列の値の参照

他の列を参照する場合は、列名を[ ]で括ります。手で直接入力しても構いませんし、画面右の「使用できる列」で列を選択してダブルクリックするか、または「<< 挿入」をクリックして入力することもできます。

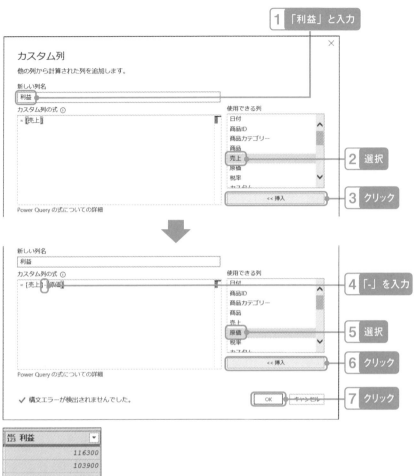

カスタム列

他の列から計算された列を追加します。

新しい列名
利益

カスタム列の式 ⓘ
= [売上]

使用できる列
日付
商品ID
商品カテゴリー
商品
売上
原価
税率

2 選択

<< 挿入

3 クリック

Power Query の式についての詳細

新しい列名
利益

カスタム列の式 ⓘ
= [売上] - [原価]

使用できる列
日付
商品ID
商品カテゴリー
商品
売上
原価
税率

4 「-」を入力

5 選択

<< 挿入

6 クリック

Power Query の式についての詳細

✓ 構文エラーが検出されませんでした。

OK　キャンセル

7 クリック

ABC123 利益
116300
103900
147600

図5-7　列を参照する計算

同様にカスタム列を追加し、以下の式で「利益率」列を追加します。

= [利益] / [売上]

ABC123 利益	ABC123 利益率
116300	0.287302372
103900	0.592022792
147600	0.319480519

図5-8　「利益率」列を追加

◎関数の式

「カスタム列」では、関数型の列を定義することもできます。関数型の式は以下のように最初に**( )** で囲まれた引数、次に**=>** で式を定義します。この形で関数型の列を作成した後、別な列で関数を呼び出します。

　(引数1, 引数2, …) => 式

「カスタム列」で「fn利益率」として以下の式を入力します。

　=(Sales, Cost) => (Sales-Cost)/Sales

「fn利益率」が追加され、**Function**と表示されます。
文字の隣をクリックすると、画面下部に関数式の定義が表示されます。

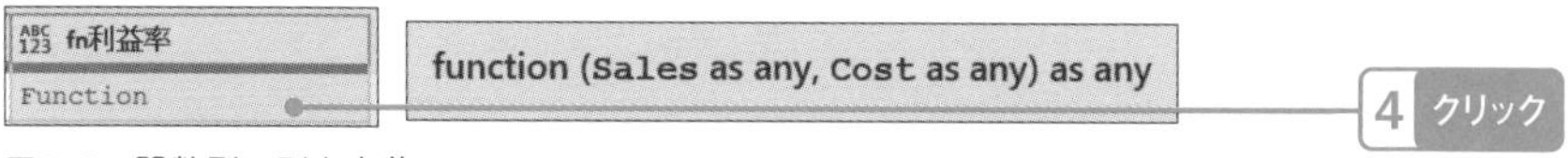

図5-9　関数型の列を定義

　次に、作成した関数に値を代入して計算します。「カスタム列」で「利益率.1」として以下の式を入力します。

　= [fn利益率]([売上], [原価])

ABC 123 fn利益率	ABC 123 利益率.1
Function	0.287302372
Function	0.592022792
Function	0.319480519

図5-10　定義した関数に引数を渡す

数字の丸め処理と注意点

　EXCEL関数の切り上げ（ROUNDUP関数）、切り捨て（ROUNDDOWN関数）、四捨五入（ROUND関数）のように、数字を丸め込むことができます。

　ただし、パワークエリで四捨五入をそのまま使用すると、いわゆる**偶数丸め（銀行丸め）**が適用されます。つまり、**丸め込みを行う端数がちょうど中間の「0.5」であるとき、結果が偶数になる方向に丸め込まれます**。例えば「10.5」の小数点第1位を四捨五入すると「11」ではなく、偶数になる「10」に丸め込まれます。これを防ぐためには、四捨五入を行う**Number.Round**関数の第3引数で丸め込み方を明示的に指定する必要があります。

◎切り上げと切り捨て

　「丸め処理」から「テーブルまたは範囲から」でエディターを開きます。

	A
1	数字
2	10.0
3	10.1
4	10.2
5	10.3
6	10.4
7	10.5
8	10.6
9	10.7
10	10.8
11	10.9
12	11.0
13	11.1
14	11.2
15	11.3
16	11.4
17	11.5

図5-11　「丸め処理」テーブル

　「切り上げ」と「切り捨て」を行います。それぞれ小数点以下の数字が「切り上げ」「切り捨て」されます。

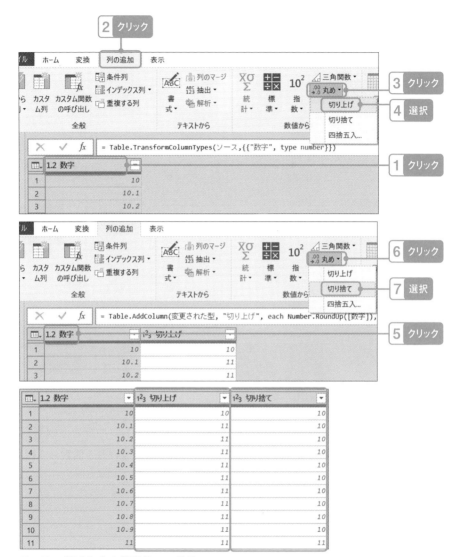

図5-12　「切り上げ」と「切り捨て」の結果

◎四捨五入による偶数丸め

小数点以下の桁数を0で「四捨五入」を行います。

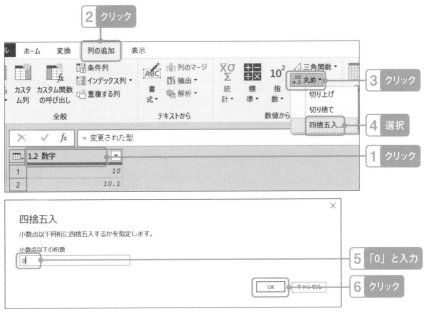

図5-13 「小数点以下の桁数」として「0」を入力

6行目の「10.5」の「四捨五入」の値を確認すると、「11」ではなく偶数の「10」に丸め込まれています。一方、16行目の「11.5」は大きい方、偶数の「12」に丸め込まれています。

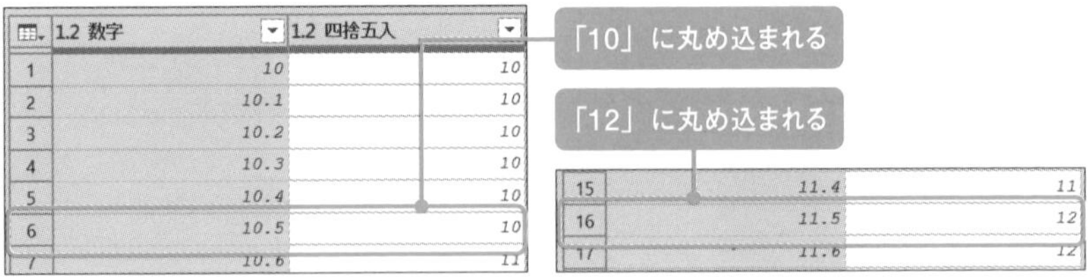

図5-14 偶数方向への丸め込み

「挿入された丸め」ステップの数式を確認します。

```
= Table.AddColumn(変更された型, "四捨五入", each Number.
Round([数字], 0), type number)
```

Number.Round関数の第3引数**roundingMode**の値は省略されていますが、省略された場合、**RoundingMode.ToEven**がセットされ「偶数丸め」になります。**roundingMode**のパラメーターごとの動作と例は以下になります。

roundingMode	丸め方向	11.5	10.5	-10.5	-11.5
RoundingMode.ToEven	偶数へ	12	10	-10	-12
RoundingMode.TowardZero	0方向へ	11	10	-10	-11
RoundingMode.AwayFromZero	0と反対へ	12	11	-11	-12
RoundingMode.Down	小さい数へ	11	10	-11	-12
RoundingMode.Up	大きい数へ	12	11	-10	-11

表5-2　roundingModeのパラメーターごとの動作と例

今回は数式を以下のように変更し、**RoundingMode.AwayFromZero**を使用します。

```
= Table.AddColumn(変更された型, "四捨五入", each Number.
Round([数字], 0, RoundingMode.AwayFromZero), type number)
```

これで通常の四捨五入の結果になりました。

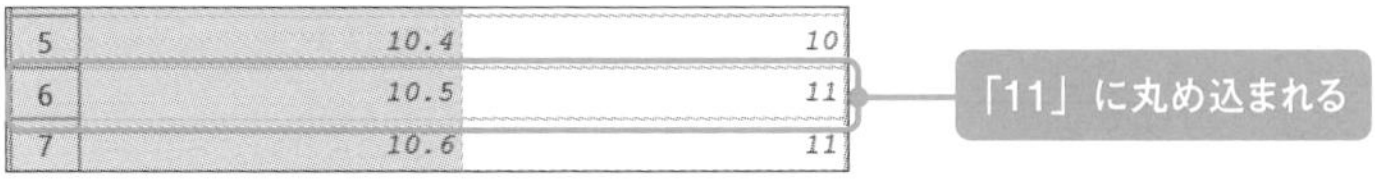

「11」に丸め込まれる

図5-15　通常の四捨五入の結果

◎1,000の位での丸め込み

　四捨五入の「小数点以下の桁数」にマイナスの値を入力すると、10の位、100の位、1000の位などで数値を丸め込むことができます。

	商品	売上	四捨五入
1	高級白ワイン	2159268	2159000
2	ミックスベジタブル	1256263	1256000
3	チキン	3970593	3971000
4	つまようじ	536500	536000

図5-16　1,000円の位での丸め込み

　この場合、roundingModeの値を補って数式は以下のようになります。

```
= Table.AddColumn(変更された型, "四捨五入", each Number.
Round([売上], -3,RoundingMode.TowardZero), Int64.Type)
```

3　数字の計算：列の集計を行う統計関数とグループ化

　「統計」は複数の行にまたがった同じ列の集計、つまり縦軸の計算を行います。
　「統計」はすべての行を対象にして集計しますが、「グループ化」は日付や商品カテゴリーといった特定の列の値ごとの集計をします。

統計関数：各商品の売上総計に占める割合を求める

　以下のように各商品の売り上げが売上総計に占める割合を計算し、割合の大きい順に並べた表を作ります。

図5-17 　各商品の売上総計に占める割合を求める

◎全行の売上総計を求める

「商品ごと売上」から「テーブルまたは範囲から」でエディターを開き、「売上」の「合計」を求めます。

すべての行の「売上」列の合計が1つの数値として表示されます。

23044680

図5-18 　「売上」の合計を求める

「計算された合計」ステップの数式バーを確認します。

```
= List.Sum(変更された型[売上])
```

変更された型は直前のステップのことです。この後ろに**[売上]**を付けることで「売上」列を縦のリスト型データとして取得し、**List.Sum**関数で合計しています。

◎各商品が売上総計に占める割合を求める

　数式バーの「fx」をクリックし、新しいステップを追加します。数式バーに直前のステップの「計算された合計」が表示されます。

図5-19　直前のステップの名前

　その前のステップに戻るため、数式バーを以下のように書き換えます。

　= 変更された型

　これで売上の合計を求める前の姿に戻りました。

図5-20　前のステップに戻る

　先ほど集計した売上合計をカスタム列として追加します。
- ▶ 「列の追加」タブ→カスタム列
- ▶ 新しい列名→「売上合計」
- ▶ カスタム列の式→以下の式を入力
  - = 計算された合計
- ▶ OK

	ABC 商品	1²₃ 売上	ABC 売上合計
1	高級白ワイン	2158280	23044680
2	ミックスベジタブル	1255760	23044680
3	チキン	3970500	23044680
4	つまようじ	536090	23044680
5	マカロン	4976490	23044680

図5-21　各行に「売上合計」列が追加された

各行の売上が売上合計に対して占める割合を求めます。

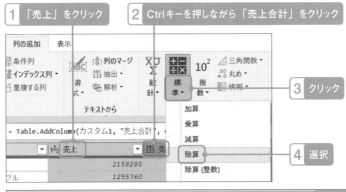

	ABC 商品	1²₃ 売上	ABC 売上合計	1.2 除算記号
1	高級白ワイン	2158280	23044680	0.093656323
2	ミックスベジタブル	1255760	23044680	0.054492403
3	チキン	3970500	23044680	0.172295732

図5-22　割合が計算された

「売上合計」列を削除し、「除算記号」列の名前を「割合」に変更し、降順で
並べ替えます。

	ABC 商品	1²₃ 売上	1.2 割合
1	マカロン	4976490	0.215949625
2	チキン	3970500	0.172295732
3	高級白ワイン	2158280	0.093656323
4	紙皿	1937100	0.084058446
5	白ワイン	1526420	0.066237414

図5-23　列名を「割合に」変え、降順にする

「閉じて読み込む」を実行し、「C」列を選択し、「ホーム」の「数値」グループで書式を「パーセンテージ」表記にして完成です。

図5-24 「割合」をパーセント表示に

グループ化：日付単位で売上・原価を合計する

「商品カテゴリー」や「日付」といったグループごとに集計するには「グループ化」を使います。グループ化には以下3つの特徴があります。

1）1つだけでなく複数の列の値でグループ化できる
2）件数、合計、最大値、最小値、平均値、中央値といった集計ができる
3）集計だけでなく、グループ内の明細をテーブル型で保持できる

1）と2）は基本的な機能で、EXCEL関数でいうところのSUMIF関数やAVERAGEIF関数またはピボットテーブルに相当する機能です。
3）は、グループ化と同時にサブテーブルを作る機能です。

◎日付ごとのデータ件数、売上・原価の合計を出す

「売上グループ化」から「テーブルまたは範囲から」でエディターを開き、「日付」列でグループ化します。「グループ化」で以下の集計を行います。

図5-25　「日付」列で「グループ化」をクリック

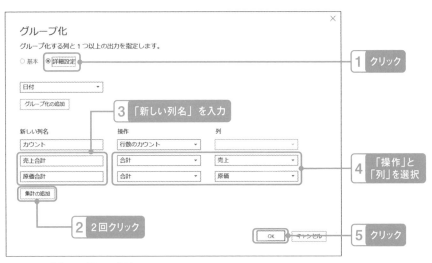

図5-26　「グループ化」で集計

各行が「日付」ごとにグループ化され、それぞれ「カウント」、「売上合計」、「原価合計」の3つの集計値が新しい列として追加されます。

	日付	1²₃ カウント	1.2 売上合計	1.2 原価合計
1	2020/04/01 0:00:00	1	404800	288500
2	2020/04/03 0:00:00	2	637500	386000
3	2020/04/05 0:00:00	2	861200	386700
4	2020/04/07 0:00:00	1	154400	94900
5	2020/04/12 0:00:00	1	416100	179500
6	2020/04/13 0:00:00	1	117600	41500
7	2020/04/14 0:00:00	1	92500	55200

図5-27　3つの集計値が新しい列として追加される

2列によるグループ化と様々な集計：年月と商品カテゴリーの集計

複数の列でグループ化します。併せて「合計」以外の集計を行います。

◎「例からの列」で日付列から年月を取得する

「売上グループ化」から「テーブルまたは範囲から」でエディターを開きます。
「日付」列を選択し、「例からの列」を選びます。

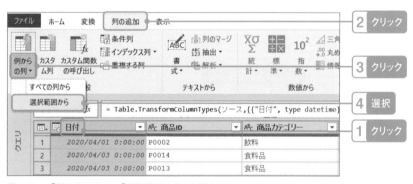

図5-28　「例からの列」で「選択範囲から」を選ぶ

右端に例を入力する列が表示されるので、列名を「年月」と入力し、1行目の
値を「2020年4月」と入力します。数字部分は半角文字で入力します。
続いて「日付」が5月に切り替わる26行目の値を「2020年5月」と入力します。

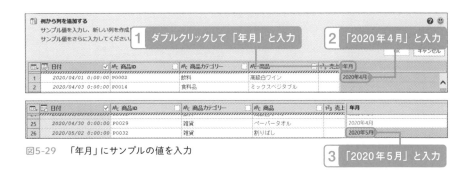

図5-29　「年月」にサンプルの値を入力

3 「2020年5月」と入力

列にグレーで予測変換された値が表示されます。25行目までは「2020年4月」、26行目からは「2020年5月」、40行目からは「2020年6月」と月によって表示が切り替わっていることを確認してください。

図5-30　サンプル値が正しく適用された

例が完成したので、プレビューの上の「OK」をクリックします。このとき、左側「変換：」に自動変換された数式が表示されます。

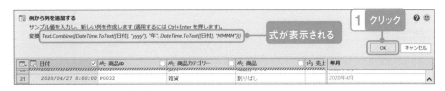

図5-31　自動変換された数式が表示される

図5-32　追加された「年月」列を追加

◎年月、商品カテゴリーの2つの列でグループ化し、様々な集計を行う

「グループ化」で2つのグループの集計を追加します。

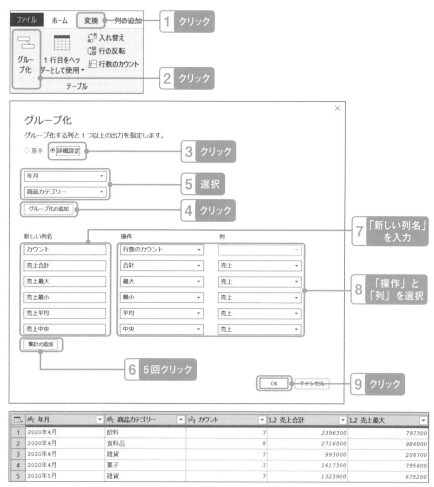

図5-33　「グループ化で」2つのグループで集計

「すべての行」とインデックス列：サブ・グループ内順位と構成比

「グループ化」の集計の「すべての行」を選ぶと、グループ化項目ごとのサブ・テーブルを作ることができます。

今回の例では、売上明細データから「商品カテゴリー」サブ・グループ内の各商品の順位と売上の構成比を算出します。

図5-34　サブ・グループ内順位と構成比

◎商品カテゴリー、商品ごとの売上を集計する

「売上グループ化」から「テーブルまたは範囲から」でエディターを開き、商品カテゴリー、商品ごとの売上を集計します。

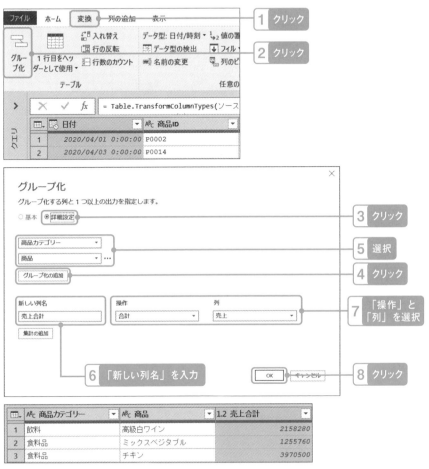

図5-35 「商品」ごとの売上合計を求める

◎商品カテゴリー内の各商品の売上順位を求める

　「売上合計」列を降順で並べ替えます。この作業はサブ・テーブル内での順位付けをするために必要です。

図5-36　「売上合計」を降順で並べ替え

　再び「変換」タブから「グループ化」をクリックし、「商品カテゴリー」ごとの売上の集計と「すべての行」によるサブテーブルを追加します。

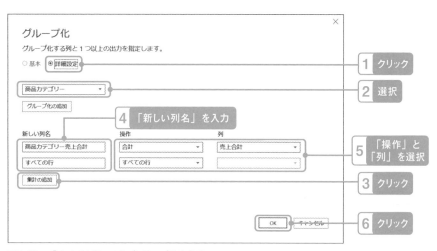

図5-37　「すべての行」でサブ・テーブルを作る

　「すべての行」列のTableの文字でない部分をクリックして中身を確認すると、「商品カテゴリー」に分類される「商品」と「売上合計」が降順で表示されます。

	ᴬᴮc 商品カテゴリー	▾	1.2 商品カテゴリー売上...	▾	⊞ すべての行	
1	菓子			5971820	Table	
2	食料品			6571970	Table	
3	飲料			6116320	Table	
4	雑貨			4384570	Table	

7 クリック

商品カテゴ...	商品	売上合計
菓子	マカロン	4976490
菓子	アイスクリーム	995330

図5-38　サブ・テーブルの中身を確保する

「すべての行」列を元にして、サブ・テーブル内の順位を求めます。

▶ 「列の追加」タブ→カスタム列

▶ カスタム列の追加→以下の式を入力

= `Table.AddIndexColumn([すべての行], "順位", 1)`

▶ OK

	ᴬᴮc 商品カテゴリー	▾	1.2 商品カテゴリー売上...	▾	⊞ すべての行		ᵃᵇᶜ カスタム	
1	菓子			5971820	Table		Table	
2	食料品			6571970	Table		Table	
3	飲料			6116320	Table		Table	
4	雑貨			4384570	Table		Table	

クリック

商品カテゴ...	商品	売上合計	順位
菓子	マカロン	4976490	1
菓子	アイスクリーム	995330	2

順位が追加されている

図5-39　「順位」列が追加された

「商品カテゴリーの売上合計」と「カスタム」を残して他の列を削除します。

	1.2 商品カテゴリー売上...	▾	ᵃᵇᶜ カスタム	
1		5971820	Table	
2		6571970	Table	
3		6116320	Table	
4		4384570	Table	

図5-40　不要な列を削除

「カスタム」列を展開します。

1 クリック

2 チェックをはずす

3 クリック

1.2 商品カテゴリー売上...	商品カテゴリー	商品	売上合計	順位
1	5971820 菓子	マカロン	4976490	1
2	5971820 菓子	アイスクリーム	995330	2
3	6571970 食料品	チキン	3970500	1
4	6571970 食料品	ミックスベジタブル	1255760	2
5	6571970 食料品	ビーフ	641540	3
6	6571970 食料品	ポーク	331500	4
7	6571970 食料品	米	206960	5
8	6571970 食料品	カップラーメン	163110	6
9	6571970 食料品	塩	2600	7

図5-41 「カスタム」列を展開

◎商品カテゴリー内の各商品の売上構成比を求める

商品カテゴリー内の各商品売上が占める割合を計算します。

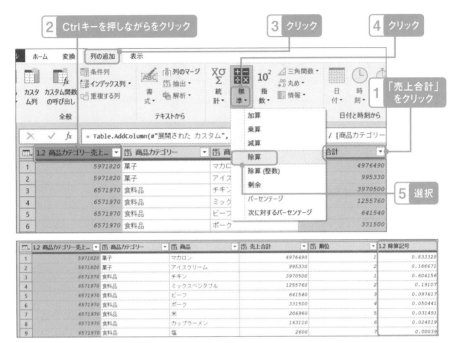

図5-42　売上が占める割合が計算された

　最後に、「商品カテゴリー売上合計」列を削除し、「除算記号」の列名を「カテゴリー内割合」に変更して完成です。

	123 商品カテゴリー	123 商品	123 売上合計	123 順位	1.2 カテゴリー内割合
1	菓子	マカロン	4976490	1	0.833328868
2	菓子	アイスクリーム	995330	2	0.166671132
3	食料品	チキン	3970500	1	0.604156744

図5-43　列名を変更して完成

◎「列のピボット」で順位を横に並べる

　応用例の1つとして、「商品」を順位ごとに横に並べる手順を紹介します。
　「展開されたカスタム」ステップの後、「商品カテゴリー」「商品」「順位」の3つの列だけ残して「列のピボット」を行います。

図5-44 「変換」タブから「列のピボット」をクリック

「列のピボット」画面では、以下の設定を入力します。

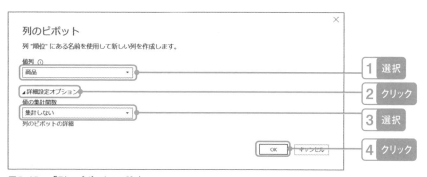

図5-45 「列のピボット」の設定

各「商品カテゴリー」内の順位ごとに「商品」が横に並びます。

ABC 123 商品カテゴリー	ABC 123 1	ABC 123 2	ABC 123 3
1 菓子	マカロン	アイスクリーム	null
2 雑貨	紙皿	ペーパータオル	つまようじ
3 食料品	チキン	ミックスベジタブル	ビーフ
4 飲料	高級白ワイン	白ワイン	高級赤ワイン

図5-46 列に順番で並べられた

時間についての計算

　パワークエリで時間に関わる計算を行う際は、5つのデータ型の特性を理解したうえで適切な組み合わせで計算します。

日付・時刻・期間の基礎

　パワークエリの時間を表すデータ型は5種類あります。

　以下はそれぞれのデータの書式です。「カスタム列」や数式バーでデータを直接入力するときは、こちらの形で入力します。以下の「サンプル式」を「カスタム列」で入力して試してください。

◎日付/時刻（datetime）

例：	2020年10月15日18時30分45秒
書式：	#datetime(年,月,日,時,分,秒)
サンプル式：	#datetime(2020,10,15, 18,30, 45)

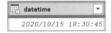

◎日付（date）

例：	2020年10月15日
書式：	#date(年, 月, 日)
サンプル式：	#date(2020,10,15)

◎時刻（time）

例：	18時30分45秒
書式：	#time(時,分, 秒)
サンプル式：	#time(18,30, 45)

◎日付/時刻/タイムゾーン（datetimezone）

例：	2020年10月15日18時30分45秒 +3:30
書式：	#datetimezone(年, 月, 日, 時, 分, 秒, +時間, +分)
サンプル式：	#datetimezone(2020,10,15, 18,30, 45, 3, 30)

◎期間（duration）

例：	1日と2時間15分30秒
書式：	#duration(日数, 時間, 分, 秒)
サンプル式：	#duration(1, 2, 15, 30)

※期間型データは日付や時刻のデータ型に比べると性格が異なります。つまり、**日付や時間型データは「一点」を表す**のに対して、**期間型データは「長さ」を表します**。したがって、ある日付や時間から一定時間後という時間経過の計算を行うときは、日付や時刻型データに期間型データを加減算します。

日付情報の取得

日付情報を含むデータ型から年や月、曜日通算日といった様々な情報を取得できます。

◎選択できるデータ型

このメニューは日付情報を含む以下のデータ型で選択できます。

- 日付/時刻型（datetime）
- 日付型（date）
- 日付/時刻/タイムゾーン型（datetimezone）

◎日付情報の取得

日付情報を取得するには、日付関連の列を選択した状態で「変換」または「列の追加」タブの「日付」をクリックし、それぞれのメニューを選択します。

図5-47 「日付情報の取得」メニュー

以下、「2020/10/15 10:30:45」に対する各選択肢の例を記します。

大メニュー	小メニュー	結果	データ型	働き
期間	-	5.13:16:03.2374590 (今が2020/10/20)	期間	今現在と日付との間の期間
日付のみ	-	2020/10/15	日付	日付部分のみ
年	年	2020	整数	年
	年の開始日	2020/01/01 0:00:00	同じ	その年の開始
	年の終了日	2020-12-31 T23:59:59.9999999	元と同じ	その年の終了
月	月	10	整数	月
	月の開始日	2020/10/01 0:00:00	同じ	その月の開始
	月の最終日	2020-10-31 T23:59:59.9999999	同じ	その月の終了
	月内の日数	31	整数	その月の日数
	月の名前	10月	テキスト	その年の月名
四半期	年の四半期	4	整数	四半期
	四半期の開始日	2020/10/01 0:00:00	同じ	その四半期の開始
	四半期の終了日	2020-12-31 T23:59:59.9999999	同じ	その四半期の終了
週	年の通算週	42	整数	
	月の通算週	3	整数	
	週の開始日	2020/10/11 0:00:00	同じ	その週の開始
	週の終了日	2020-10-17 T23:59:59.9999999	同じ	その週の終了
日	日	15	整数	
	週の通算日	4	整数	
	年の通算日	289	整数	
	一日の開始時刻	2020/10/15 0:00:00	同じ	その日の開始
	最終日 ※2	2020-10-15 T23:59:59.9999999		その日の終了
	曜日名 ※1	木曜日	テキスト	

表5-3　日付情報の例

※1　書式は「クエリオプション」→地域の設定で設定します。

※2　「日」の中の「最終日」というのは実際にはその日の最後の瞬間で、週
　　　や月の最終日ではありません。これはメニューの誤訳だと思われます。

　時刻情報を持つデータから時、分、秒、現地時間といった様々な情報を取得できます。

◎選択できるデータ型

　このメニューは時刻情報を持つ以下のデータ型で選択できます。

- ・日付/時刻型（datetime）
- ・時刻型（time）
- ・日付/時刻/タイムゾーン型（datetimezone）

◎時刻情報の取得

　時刻情報を取得するには、時刻関連の列を選択した状態で「変換」または「列の追加」タブの「時刻」をクリックし、それぞれのメニューを選択します。

図5-48　「時刻情報の取得」メニュー

　以下、「2020/10/15 10:30:45」に対する各選択肢の結果を記します。

大メニュー	小メニュー	結果	データ型	働き
時刻のみ		10:30:45	時刻	
現地時刻 （タイムゾーンのみ）		2020/10/15 9:30:45 +09:00	タイムゾーン	本体のタイムゾーンから見た現地時刻を取得
時	時	10	整数	
	時間の始まり	2020/10/15 10:00:00	元と同じ	その時間の開始
	時間の終わり	2020-10-15 T10:59:59.9999999	元と同じ	その時間の終了
分		30	整数	
秒		45	整数	

表5-4 「2020/10/15 10:30:45」に対する時刻情報の例

　タイムゾーンについては「2020/10/15 10:30:45 +10:00」に対して、PC本体のタイムゾーンが+09:00であるケースとなります。

日付と日付の比較：日数の減算と最も早い・遅い日付の取得

　2つの日付の間の期間や、複数の日付を比較して早い方・遅い方の日付を取得します。

◎日数の計算

　「日付と日付の比較」から「テーブルまたは範囲から」でエディターを開き、「契約終了日」、「契約開始日」の間の日数を計算します。

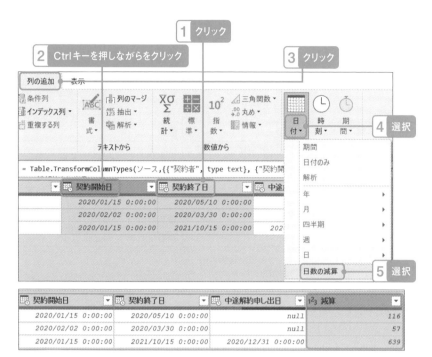

図5-49　日数の計算

◎日数を年換算にする

追加された「減算」列を選択し、「期間」型データに変換します。

図5-50　「期間」型データに変換

もう一度「減算」列を選択し、年換算します。

図5-51　「合計年数」として年換算

◎複数の日付から最も早い・遅い日付を求める

「契約終了日」と「中途解約申し出日」を比較し、早い方の日付を求めます。データが**null**であった場合は、値が入っている方の日付になります。

	APC 契約者	契約開始日	契約終了日	中途解約申し出日
1	A	2020/01/15 0:00:00	2020/05/10 0:00:00	null
2	B	2020/02/02 0:00:00	2020/03/30 0:00:00	null
3	C	2020/01/15 0:00:00	2021/10/15 0:00:00	2020/12/31 0:00:00

図5-52　比較する列を選択

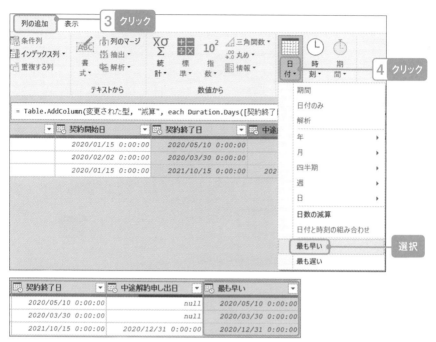

図5-53 「最も早い」日付を取得

遅い方を選ぶには「最も遅い」を選択します。

契約終了日	中途解約申し出日	最も遅い
2020/05/10 0:00:00	null	2020/05/10 0:00:00
2020/03/30 0:00:00	null	2020/03/30 0:00:00
2021/10/15 0:00:00	2020/12/31 0:00:00	2021/10/15 0:00:00

図5-54 「最も遅い」日付を取得

「契約開始日」「契約終了日」「中途解約申し出日」の3つの列を選んで、その中で最も早い日付を選び出すこともできます。

契約開始日	契約終了日	中途解約申し出日	最も早い
2020/01/15 0:00:00	2020/05/10 0:00:00	null	2020/01/15 0:00:00
2020/02/02 0:00:00	2020/03/30 0:00:00	null	2020/02/02 0:00:00
2020/01/15 0:00:00	2021/10/15 0:00:00	2020/12/31 0:00:00	2020/01/15 0:00:00

図5-55 3つの列を選んでも可能

現在の日付・時刻の取得

現在の日付・時刻を取得するには「カスタム列」で以下の数式を入力します。

```
=DateTime.LocalNow()
```

図5-56 「カスタム列」で数式を入力

〇〇後の日付を計算する

特定の日付から一定期間後の日付を取得するには関数を使う方法と、期間の値を加減算する方法があります。

◎関数を使用する方法

3か月後の日付を取得する「カスタム列」の数式は以下になります。

```
= Date.AddMonths([契約開始日], 3)
```

図5-57 3か月後の日付を取得

その他、一定期間後の日付を取得する関数の例となります。

単位	基準日	増分	サンプル式	結果
○○日後	2020/1/10	1	Date.AddDays(#date(2020, 1, 10), 1)	2020/1/11
○○週後	2020/1/10	1	Date.AddWeeks(#date(2020, 1, 10), 1)	2020/1/17
○○月後	2020/1/10	1	Date.AddMonths(#date(2020, 1, 10), 1)	2020/2/10
○○四半期後	2020/1/10	1	Date.AddQuarters(#date(2020, 1, 10), 1)	2020/4/10
○○年後	2020/1/10	1	Date.AddYears(#date(2020, 1, 10), 1)	2021/1/10

表5-5　一定期間後の日付を取得する関数

◎期間型データを加減算する方法

元の日付や時刻データに期間型データを加減算すると、その分だけ経過した時間を取得できます。その場合の「カスタム列」の式は以下のようになります。

例：「2020年10月15日18時30分45秒」の「1日と2時間15分30秒後」

```
= #datetime(2020,10,15,18,30,45) + #duration(1,2,15,30)
```

図5-58　「カスタム例」

日付や時刻型データと期間型データの列参照による加減算も可能です。

5 条件ごとの場合分け

　条件列により、列の値に応じて異なる結果を出力できます。条件の判断には、**固定の値、他の列の値、パラメーター**の3種類の値を使用できます。また、条件列の結果にもそれら3つの選択肢を使うことができます。

条件列の追加による場合分け

　「列の追加」タブの「条件列」で条件式を作ります。

◎固定値による条件判断

　「売上と条件」から「テーブルまたは範囲から」でエディターを開きます。「曜日」列の値に応じて平日か週末かを判断します。

図5-59　「列の追加」タブの中から「条件列」を選択

　「条件列の追加」画面では、以下のように入力します。

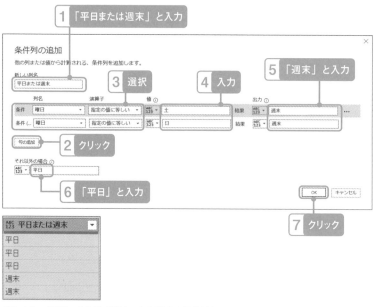

図5-60 「平日」または「週末」と表示する列を追加

◎他の列の値による条件判断

　他の列の値を参照する「条件列」を追加します。商品の利益率平均を超えた場合は「平均以上」、超えなかった場合は「未達」と表示する列を追加します。

　「条件列の追加」画面を開き、以下のように入力します。今回は「値」のアイコンで「列の選択」を選択します。

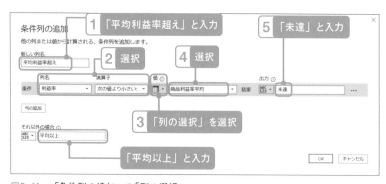

図5-61 「条件列の追加」で「列の選択」

1.2 利益率	1.2 商品利益率平均	1.2 税率	平日または週末	平均利益率超え
0.287302372	0.5107771	0.03	平日	未達
0.592022792	0.491176658	0.08	平日	平均以上
0.319480519	0.473366075	0.08	平日	未達

図5-62　「平均利益率超え」列が追加された

◎他の列の値を出力

「出力」に他の列の値を使用します。利益率と商品利益率平均を比較し、利益率が小さい場合は「商品利益率」を出力し、利益率の方が大きい場合は「利益率」を出力します。

「条件列の追加」画面を開き、以下のように入力します。今回は「出力」のアイコンで「列の選択」を選択します。

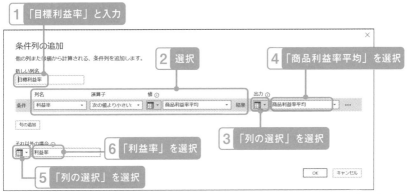

1.2 利益率	1.2 商品利益率平均	1.2 税率	平日または週末	平均利益率越え	目標利益率
0.287302372	0.5107771	0.03	平日	未達	0.5107771
0.592022792	0.491176658	0.08	平日	平均以上	0.592022792
0.319480519	0.473366075	0.08	平日	未達	0.473366075
0.535060976	0.6317969	0.1	週末	未達	0.6317969

図5-63　他の列の値による出力

◎パラメーターによる条件判断

パラメーターとは複数のクエリで共有できる任意の手入力可能な値のことです。このパラメーターを条件列に渡すことができます。

パラメーターは「ホーム」タブの「パラメーターの管理」で作成します。

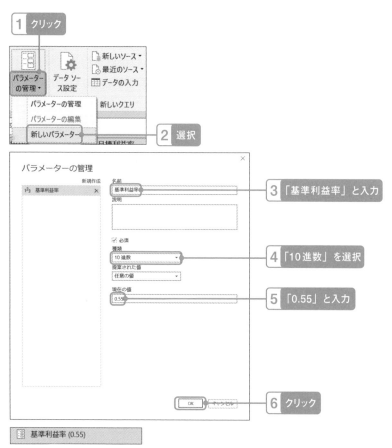

図5-64　パラメーターの作成

「売上と条件」クエリに戻り、以下の「条件列」を追加します。

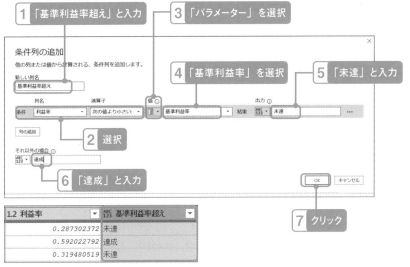

図5-65　パラメーターによる条件判断

条件式の基本

「カスタム列」で条件式を作るとき、または条件列で追加された式を数式で直接加工するときのための条件式の基本です。

◎条件式の構造

「条件列」を追加すると以下のような数式が作成されます。

```
if [曜日] = "土" then "週末" else if [曜日] = "日" then "週末"
else "平日"
```

これが条件式の実体です。このうち最初の「if」と最後の「else」は必須で、間の「else if」は必要な条件の数だけ増やすことができます。

【条件式の構造】

条件1：	if	≪論理式1≫	then	≪結果1≫
条件2：	else if	≪論理式2≫	then	≪結果2≫
・・・				
条件n：	else if	≪論理式n≫	then	≪結果n≫
それ以外の場合	else	≪それ以外の結果≫		

◎論理式の種類

　論理式とは結果が真(true)または偽(false)、つまり判断内容に対してYesまたはNoを返す式のことです。**条件式の「if」や「if else」ではこの論理式の結果を判断し、論理式が真(true)の結果になるときに「then」以降の値を返します。**

　論理式では等号や不等号の他、「論理型(logical)」の値を返す関数を使うことができます。

【すべてのデータに対して】

= 　指定の値に等しい

<> 指定の値と等しくない

【数値データに対して】

< 　指定の値より小さい

<= 指定の値以下

> 　指定の値より大きい

>= 指定の値以上

【関数による論理演算】

Text.Contains	指定の値を含む
not Text.Contains	指定の値を含まない

Text.StartsWith	指定の値で始まる
not Text.StartsWith	指定の値で始まらない
Text.EndsWith	指定の値で終わる
not Text.EndsWith	指定の値で終わらない
List.Contains	指定の値がリストに中のデータに含まれる

◎and、or、notと( )による優先順位

複数の論理式を組み合わせる場合はandとorを使用します。

and	かつ（複数の条件をともに満たすとき）
	例：天気が晴れ、かつ週末の場合
	式：[天気] = "晴れ" and [平日または週末] = "週末"
or	または（複数の条件をいずれか満たすとき）
	例：天気が雨、または平日の場合
	式：[天気] = "雨" or [平日または週末] = "平日"

表5-6 「and」と「or」の論理式

複数の条件判断を組み合わせる場合、それぞれの条件を( )で括ってまとめることができます。

例：	「天気が晴れ、かつ週末の場合」または「天気がくもり、かつ平日」の場合
	式：([天気] = "晴れ" and [平日または週末] = "週末") or ([天気] = "くもり" and [平日または週末] = "平日")

表5-7 複数の条件を1つにまとめる

各論理式の前にnotを付けるとそれを否定する論理式を作ることができます。

not	○○ではない
	例：「天気が晴れ、かつ週末」ではない
	式：not ([天気] = "晴れ" and [平日または週末] = "週末")

表5-8 「not」で論理否定

［第6章］
表の形を組み替える

　データには、人間が見やすいがコンピューターには見にくい形、それとは逆に人間には見にくいがコンピューターには見やすい形があります。パワークエリは「列のピボット解除」と「列のピボット」という2つの機能を使ってこれらの2つのフォーマットの橋渡しをします。

サンプルは「6.表を組み替える」の「表を組み替える.xlsx」を使用します。

アクセスキー **d** （小文字のディー）

表を組み替えるということ

いわゆるデータベース形式の表そのままの形では、そこから何らかの情報を吸いあげることは難しいです。代わりに以下のようなマトリクス表（クロス集計表）を作ると全体の傾向を掴みやすくなります。

商品カテゴリー	Q1	Q2	Q3	Q4
飲料	2,106	2,526	2,211	2,211
菓子	1,053	1,053	1,053	948
雑貨	1,578	1,683	1,896	2,211
食料品	2,421	2,736	2,526	2,526

表6-1　マトリクス形式の表

しかし、このような形のフォーマットは人間が見たり、データを入力したりする分には良い一方、これを集計で再利用するためのデータベース形式に戻すのは一苦労です。しかし、パワークエリの「列のピボット解除」と「列のピボット」を使えばこの問題を解決できます。これらの機能は人間が見やすい形のデータ（入力型・表現型）と、データベースとして管理しやすい形のデータ（正規化された形）との橋渡しをしてくれます。

「列のピボット解除」について

「列のピボット解除」とは、**指定した列を縦に並べ替え、データベース形式に変換する機能**です。例えば先ほどのマトリクス表でQ1からQ4の列で「列のピボット解除」を行うと表の形を以下のように組み替えることができます。

商品カテゴリー	属性	値
飲料	Q1	2,106
飲料	Q2	2,526
飲料	Q3	2,211
飲料	Q4	2,211
菓子	Q1	1,053
菓子	Q2	1,053
菓子	Q3	1,053
菓子	Q4	948
雑貨	Q1	1,578
雑貨	Q2	1,683
雑貨	Q3	1,896
雑貨	Q4	2,211
食料品	Q1	2,421
食料品	Q2	2,736
食料品	Q3	2,526
食料品	Q4	2,526

列の数だけ同じ値が繰り返される

列が縦に並ぶ

表6-2　データベース形式の表

　列名だったQ1からQ4は「属性」として、商品カテゴリーと四半期の組み合わせは「値」として縦に並べ替えられます。また、「商品カテゴリー」は列の数だけ、Q1からQ4までの4回、**繰り返し項目**として同じデータが並びます。今回のマトリクス表は縦4行×横4列= 16の構成だったので、ピボット解除された表は全部で16行のデータになります。

「列のピボット」について

　「列のピボット」は「列のピボット解除」と真逆の動作をします。つまり、**データベース形式の表を、マトリクス表に変換します。**「列のピボット」では同じ値を持った**繰り返し項目**は**統合項目**として同一行に集約されます。

「入れ替え」について

　よく似た機能で「入れ替え」があります。「入れ替え」は単純に縦と横を並べ替えるだけで「列のピボット解除」や「列のピボット」と異なり「繰り返し項目」「統合項目」といったものは登場しません。先ほどのマトリクス表に「入れ替え」を行うと以下のようになります。

商品カテゴリー	飲料	菓子	雑貨	食料品
Q1	2,106	1,053	1,578	2,421
Q2	2,526	1,053	1,683	2,736
Q3	2,211	1,053	1,896	2,526
Q4	2,211	948	2,211	2,526

表6-3　「入れ替え」を行ったマトリクス表

2　列のピボット解除：横に並んだデータを縦に並べる

　「列のピボット解除」が最もよく使われるのは、時間軸が横に並んだマトリクス表をデータベース形式に組み替えるシナリオです。

　「列のピボット解除」を使うポイントは、①ピボット解除する列／ピボット解除しない列のどちらを指定するのかと②総計行をフィルターで除外する点です。

列のピボット解除：横に並んだ月を縦に並べる

　「列のピボット解除」テーブルを確認します。A列に「商品カテゴリー」、B列に「商品名」が並び、C列以降から4月以降の売上がマトリクス表として展開されています。

	A	B	C	D	E	F	G
1	商品カテゴリー	商品名	4月	5月	6月	7月	8月
2	飲料	ウィスキー					285,600
3	飲料	オレンジジュース	582,000	304,300		202,000	980,700
4	飲料	お茶	120,400		80,000	20,400	127,500
5	飲料	シャンパン			299,700	419,900	473,800

4月以降の売上

図6-1 マトリクス表（クロス集計表）

行と列の末尾には総計が記載されています。

列の総計　　　　　　　　　　　　　　　　　行の総計

	商品カテゴリー	商品名	4月	5月	6月
31	食料品	ミックスベジタブル		43,800	420,000
32	食料品	塩	38,300	28,800	10,800
33	食料品	米			
34	総計		9,846,000	11,383,400	6,767,800

	N	O
	3月	総計
		5,835,300
		3,681,000
	115,900	857,000

図6-2 行と列の総計が記載

このテーブルから「テーブルまたは範囲から」でエディターを開き、「4月」列から「総計」列までを選択し、「選択した列のみをピボット解除」します。

1 「4月」から「総計」まで選択

2 クリック

3 クリック

4 選択

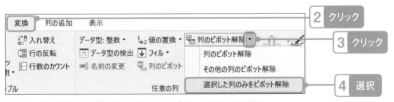

図6-3 月を選択して「選択した列のみをピボット解除」を選択

選択した列の「4月」から「総計」までの列名が「属性」として、縦軸と横軸が交差した売上が「値」として縦に並べ替えられました。なお、ウィスキーの4

月から7月のように売上がブランク(**null**)だったセルは省略されます。もし行として残したい場合は、事前に**null**を「0」に置換しておきます。

	ABC 商品カテゴリー	ABC 商品名	ABC 属性	1²₃ 値
1	飲料	ウィスキー	8月	285600
2	飲料	ウィスキー	9月	1871100
3	飲料	ウィスキー	10月	1442400
4	飲料	ウィスキー	11月	874500
5	飲料	ウィスキー	12月	712500
6	飲料	ウィスキー	2月	649200
7	飲料	ウィスキー	総計	5835300
8	飲料	オレンジジュース	4月	582000
9	飲料	オレンジジュース	5月	304300
10	飲料	オレンジジュース	7月	202000

図6-4 ピボット解除され、データベース形式になった

明細として不要な行と列の総計をフィルターで削除します。

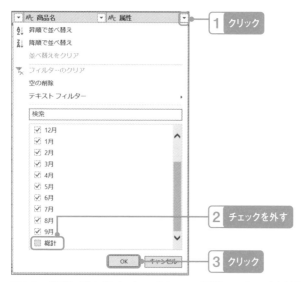

図6-5 「属性」列の「テキストフィルター」で「統計」のチェックを外す

図6-6 「商品カテゴリー」列の「テキストフィルター」で「統計」のチェックを外す

最後に列名を変更し、「閉じて読み込む」を実行して完成です。

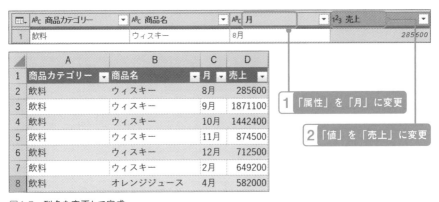

図6-7 列名を変更して完成

その他の列のピボット解除：列が追加されていくパターン

「列のピボット解除」には、「ピボット解除する列」を直接指定する方法のほかに、「ピボット解除しない列」を選択する方法があります。時間の経過とともに列が増えていくケースでは、列の増加に対応するため「その他の列のピボット解除」を使います。

「その他の列のピボット解除」シートを確認します。このシートには7月までの実績と8月までの実績の2つのテーブルがあります。

	A	B	C	D	E	F
1	7月					
2	商品カテゴリー	商品名	4月	5月	6月	7月
3	飲料	ウィスキー				
4	飲料	オレンジジュース	582,000	304,300		202,000
5	飲料	お茶	120,400		80,000	20,400

図6-8　7月までの実績

	H	I	J	K	L	M	N
1	8月						
2	商品カテゴリー	商品名	4月	5月	6月	7月	8月
3	飲料	ウィスキー					285,600
4	飲料	オレンジジュース	582,000	304,300		202,000	980,700
5	飲料	お茶	120,400		80,000	20,400	127,500

図6-9　8月までの実績

まず「その他の列のピボット解除_7」から「データまたは範囲から」でエディターを開きます。「商品カテゴリー」列と「商品名」列を選択してその他の列のピボット解除を行います。

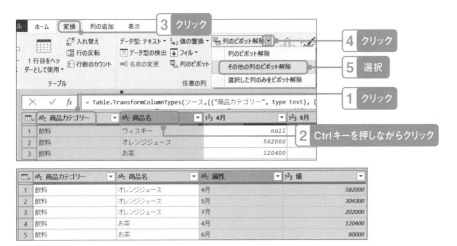

図6-10　7月までの実績で「その他の列のピボット解除」を選択

　いったん「閉じて読み込む」を実行します。この段階では7月までのデータが読み込まれています。

	A	B	C	D
1	商品カテゴリー	商品名	属性	値
2	飲料	オレンジジュース	4月	582000
3	飲料	オレンジジュース	5月	304300
4	飲料	オレンジジュース	7月	202000
5	飲料	お茶	4月	120400

図6-11　7月までのデータが読み込まれている

◎8月の実績でデータを更新

　続いて翌月になり、データが更新されたと想定して8月のテーブルを参照します。実際の運用では、同じ名前でファイルが更新されますが、今回は参照先のテーブルを変更して動作を確認します。先ほどの「その他の列のピボット解除_7」クエリを開き、「ソース」ステップの式を以下のように変更します。

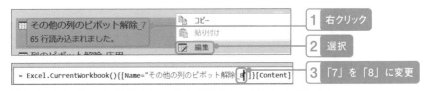

図6-12　「その他の列のピボット解除_7」を「その他の列のピボット解除_8」に

「ピボット解除された他の列」ステップに移動すると、追加された8月まで正常にピボット解除されていることが確認できます。

	ᴬᴮᴄ 商品カテゴリー ▼	ᴬᴮᴄ 商品名 ▼	ᴬᴮᴄ 属性 ▼	ᴬᴮᴄ/₁₂₃ 値 ▼
1	飲料	ウィスキー	8月	285600
2	飲料	オレンジジュース	4月	582000
3	飲料	オレンジジュース	5月	304300
4	飲料	オレンジジュース	7月	202000
5	飲料	オレンジジュース	8月	980700

図6-13　追加された8月までピボット解除されている

時間軸以外のピボット解除：横に並んだ科目を並べる

時間軸の他、同種のデータをピボット解除する応用例もあります。

例えば、「列のピボット解除_応用」テーブルを以下のように「売上」「原価」「税額」でピボット解除すると、「挿入」タブでピボットテーブルに読み込んだときに、「属性」スライサーで表示項目を選択できます。

	A	B	C	D	E	F
1	日付 ▼	商品カテゴリー ▼	商品 ▼	売上 ▼	原価 ▼	税額 ▼
2	2020/4/1	飲料	高級白ワイン	404,800	288,500	32,384
3	2020/4/3	食料品	ミックスベジタブル	175,500	71,600	0
4	2020/4/3	食料品	チキン	462,000	314,400	0

	ᴬᴮᴄ 日付 ▼	ᴬᴮᴄ 商品カテゴリー ▼	ᴬᴮᴄ 商品 ▼	ᴬᴮᴄ 属性 ▼	1.2 値 ▼
1	2020/04/01 0:00:00	飲料	高級白ワイン	売上	404800
2	2020/04/01 0:00:00	飲料	高級白ワイン	原価	288500
3	2020/04/01 0:00:00	飲料	高級白ワイン	税額	32384
4	2020/04/03 0:00:00	食料品	ミックスベジタブル	売上	175500
5	2020/04/03 0:00:00	食料品	ミックスベジタブル	原価	71600
6	2020/04/03 0:00:00	食料品	ミックスベジタブル	税額	0

図6-14　「売上」「原価」「税額」をピボット解除して同一列に

図6-15　「属性」をスライサーに設定して、選択

属性の違いが意味を持たないケース：保有資格一覧

以下の「保有資格」テーブルのように、全く同じ列が並んでいるケースでは、属性の違いは意味を持ちません。

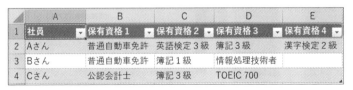

	A	B	C	D	E
1	社員	保有資格1	保有資格2	保有資格3	保有資格4
2	Aさん	普通自動車免許	英語検定3級	簿記3級	漢字検定2級
3	Bさん	普通自動車免許	簿記1級	情報処理技術者	
4	Cさん	公認会計士	簿記3級	TOEIC 700	

図6-16　「保有資格1～4」の違いは意味を持たない

このテーブルで「社員」以外の列をピボット解除すると、以下のように「属性」が「保有資格1 .. 4」となりますが、すべて同じ意味なので不要です。

	社員	属性	値
1	Aさん	保有資格1	普通自動車免許
2	Aさん	保有資格2	英語検定3級
3	Aさん	保有資格3	簿記3級

図6-17　「属性」が意味を持たない

このような場合は「属性」列を削除し、「値」の列名を「保有資格」に変更します。

	社員	保有資格
1	Aさん	普通自動車免許
2	Aさん	英語検定3級
3	Aさん	簿記3級
4	Aさん	漢字検定2級
5	Bさん	普通自動車免許
6	Bさん	簿記1級
7	Bさん	情報処理技術者
8	Cさん	公認会計士
9	Cさん	簿記3級
10	Cさん	TOEIC 700

「属性」列を削除し、「値」を「保有資格」に変更

図6-18　「属性」列を削除して、「値」を「保有資格」に

左2 x 上2階層のピボット解除

左側とヘッダー部分が2階層（またはそれ以上）あるマトリクス表のピボット解除です。

◎フィルでセル結合部分のnullを埋める

「列のピボット解除 2x2」シートを開きます。左側に「商品カテゴリー」と「商品名」、上部に「支店」と「四半期」の2つの階層があります。

商品カテゴリと商品名の２階層

支店と四半期の２階層

	A	B	C	D	E	F	G	H	I	J
1	売上合計		支店名	会計四半期						
2	商品カテゴリー	商品名	関東支店				九州支店			
3			Q1	Q2	Q3	Q4	Q1	Q2	Q3	Q4
4		ウィスキー		790,500	2,790,600				39,100	
5		オレンジジュース	304,300	1,112,500	410,900		234,000	334,800		866,300
6		お茶	200,400	54,800	130,000			127,500		
7		シャンパン	111,600		487,900			760,700		
8	飲料	ミネラルウォーター	2,000		12,600	11,600	2,400	16,000	28,800	
9		高級赤ワイン	862,400	528,700	680,400	337,200				1,994,400
10		高級白ワイン	1,055,000		952,000	252,000	829,800			
11		赤ワイン	510,400		94,800	213,600			246,400	
12		白ワイン	1,521,800	424,900	254,100	816,200		540,000		513,000
13		アイスクリーム	269,400	157,000		309,600	430,400		816,400	
14		カップケーキ	116,400	222,000		285,600		760,000		

図6-19　行と列に2つの階層がある

表のセル全体を選択します。

	A	B	C	D	E	F	G	H	I	J
1	売上合計		支店名	会計四半期						
2	商品カテゴリー	商品名	関東支店				九州支店			
3			Q1	Q2	Q3	Q4	Q1	Q2	Q3	Q4
4		ウィスキー		790,500	2,790,600				39,100	
5		オレンジジュース	304,300	1,112,500	410,900		234,000	334,800		866,300
6		お茶	200,400	54,800	130,000			127,500		
7		シャンパン	111,600		487,900			760,700		
8	飲料	ミネラルウォーター	2,000		12,600	11,600	2,400	16,000	28,800	
9		高級赤ワイン	862,400	528,700	680,400	337,200				1,994,400
10		高級白ワイン	1,055,000		952,000	252,000	829,800			
11		赤ワイン	510,400		94,800	213,600			246,400	
12		白ワイン	1,521,800	424,900	254,100	816,200		540,000		513,000
13		アイスクリーム	269,400	157,000		309,600	430,400		816,400	
14		カップケーキ	116,400	222,000		285,600		760,000		
15	菓子	ドーナツ	713,400	378,600	370,500					
16		パフェ	1,220,800	1,966,000	1,317,800			543,600		133,500

1 表の全体を選択

図6-20　表全体を選択

「データ→テーブルまたは範囲から」をクリックします。このとき、「テーブルの作成」画面では「先頭行をテーブルの見出しとして使用する」のチェックを外します。

図6-21 「テーブルまたは範囲から」をクリック

エディターが開いたら、「列1」を選択し、「フィル」でセル結合されていた部分を埋めます。

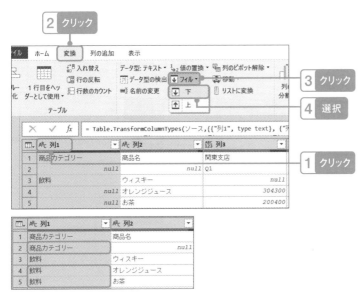

図6-22 「商品カテゴリー」を埋める

◎上位階層を「列のマージ」で1つの列に統合する。

行と列を入れ替え、Column1に上部1階層目の「支店」を、Column2に2階層目の「四半期」を並べます。

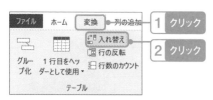

	ABC 123 Column1 ▼	ABC 123 Column2 ▼	ABC 123 Column3 ▼	ABC 123 Column4 ▼
1	商品カテゴリー	商品カテゴリー	飲料	飲料
2	商品名	null	ウィスキー	オレンジジュース
3	関東支店	Q1	null	304300
4	null	Q2	790500	1112500
5	null	Q3	2790600	410900
6	null	Q4	null	null

図6-23　上位2階層を左側2列に移動する

「Column1」列を選択し、「フィル」でセル結合されていた部分を埋めます。

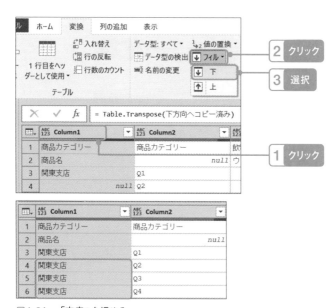

	ABC 123 Column1 ▼	ABC 123 Column2 ▼
1	商品カテゴリー	商品カテゴリー
2	商品名	null
3	関東支店	Q1
4	関東支店	Q2
5	関東支店	Q3
6	関東支店	Q4

図6-24　「支店」を埋める

「Column1」列と「Column2」列を結合して、1つの列にします。

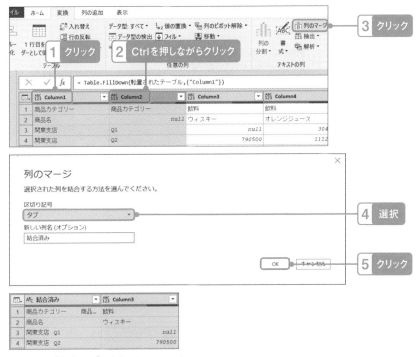

図6-25 「支店」と「四半期」を一つの列に

もう一度「入れ替え」で行列を元に戻し、1行目をヘッダーに昇格します。

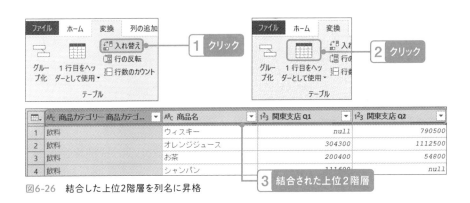

図6-26 結合した上位2階層を列名に昇格

◎「その他の列のピボット解除」と「列の分割」でデータベース形式に変換

「商品カテゴリー商品カテゴリー」列と「商品名」列を選択し、「その他の列のピボット解除」を行います。

図6-27 「商品カテゴリー」と「商品」以外をピボット解除

一時的に統合した「支点」と「四半期」を元の2つの列に分割します。

図6-28 「列の分割」から「区切り記号による分割」を選択

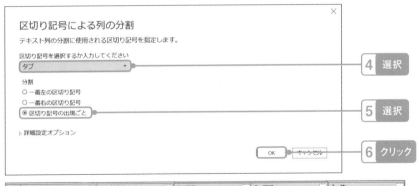

図6-29 「タブ」で「四半期」を2つの列に分割

「商品カテゴリー商品カテゴリー」と「属性.1」の「総計」をフィルターで除きます。

図6-30 フィルターで「総計」を除く

列名を適切なものに変更して完成です。

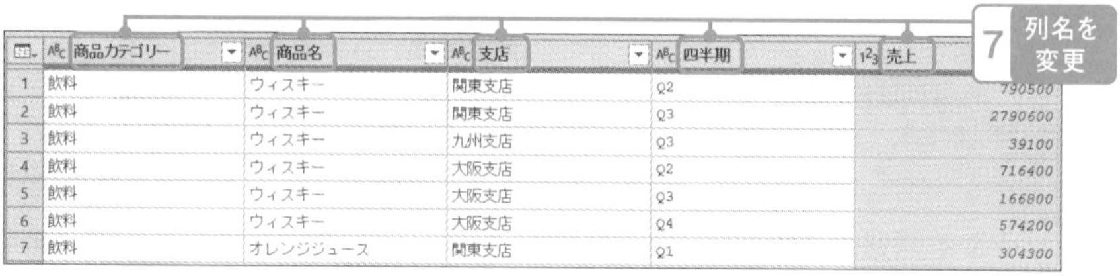

	商品カテゴリー	商品名	支店	四半期	売上
1	飲料	ウィスキー	関東支店	Q2	790500
2	飲料	ウィスキー	関東支店	Q3	2790600
3	飲料	ウィスキー	九州支店	Q3	39100
4	飲料	ウィスキー	大阪支店	Q2	716400
5	飲料	ウィスキー	大阪支店	Q3	166800
6	飲料	ウィスキー	大阪支店	Q4	574200
7	飲料	オレンジジュース	関東支店	Q1	304300

図6-31　列名を変更して完成

これで再利用可能なデータベース形式に変換できました。

「列のピボット解除 1x3」シートのように上位に3階層以上あったとしても、「入れ替え」を行った後、階層の数だけの列を結合するだけで手順は全く同じです。

3 列のピボット：縦に並んだデータを横に並べる

「列のピボット」は、ピボット解除とは逆に、縦に並んだ列を横に並べ直します。

「列のピボット」には合計や平均などの数値の集計をする使い方と、集計は行わずに組み替える使い方があります。

集計の伴う列のピボット

列のピボットを使いこなすためには、3種類の列を意識します。①**ヘッダー項目**、②**行に並ぶ列**、③**集計する列**です。①と②の組み合わせごとに③の集計結果を行×列のマトリクス形式で表示します。

なお、③が数字データである場合、合計や平均などの集計ができます。数字以外のデータの場合、件数のカウントができます。

動作としては2つの列による「グループ化」によく似ていますが、「グループ化」は行方向に並べるのに対して、「列のピボット」は行×列の2次元平面上に展開する点が異なります。

基本の3列で「列のピボット」

以下の表をマトリクス表で集計します。今回は3つ列のみで構成された表で基本を押さえます。

	A	B	C
1	年度 ▼	商品▼	売上 ▼
2	2016	飲料	412,500
3	2016	食料品	153,900
4	2016	食料品	379,000
5	2016	菓子	626,400
6	2017	雑貨	65,600
7	2017	食料品	136,800
8	2017	食料品	324,900

	A	B	C	D	E
1	年度 ▼	飲料 ▼	食料品 ▼	菓子 ▼	雑貨 ▼
2	2016	412,500	532,900	626,400	
3	2017	293,400	1,219,700		246,000
4	2018	471,200	132,600	711,300	
5	2019	1,056,300	307,800		688,000

図6-32　マトリクス表で集計

　「列のピボット集計_1」から、「テーブルまたは範囲から」でエディターを開いたら、①**ヘッダー項目**として「商品カテゴリー」列を選択し、「列のピボット」で「値列」に③**集計する列**の「売上」を選んで「合計」を出します。②**行に並ぶ列**はステップの中で選ぶ必要はありません。

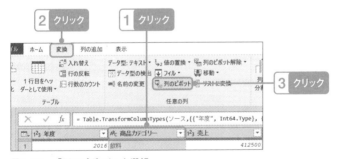

図6-33　「列のピボット」を選択

列のピボット

列 "商品カテゴリー" にある名前を使用して新しい列を作成します。

値列 ⓘ

| 売上 | ▼ |

4 選択

▲ 詳細設定オプション

5 クリック

値の集計関数

| 合計 | ▼ |

6 選択

列のピボットの詳細

| OK | キャンセル |

7 クリック

図6-34 「売上」から「合計」を出す

⊞	1²₃ 年度 ▼	1²₃ 飲料 ▼	1²₃ 食料品 ▼	1²₃ 菓子 ▼	1²₃ 雑貨 ▼
1	2016	412500	532900	626400	null
2	2017	293400	1219700	null	246000
3	2018	471200	132600	711300	null
4	2019	1056300	307800	null	688000

図6-35 売上合計のマトリクス表

◎縦軸の項目が2つ以上あるケース

以下のように4列あるマトリクス表で、「年度」を①**ヘッダー列**に、「売上」を③**集計する列**に選んだ場合、②**行に並ぶ列**は、「商品カテゴリー」と「商品」の2つの列の組み合わせに集約されます。

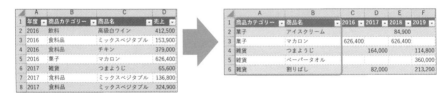

図6-36 選ばれなかった列は重複のない組み合わせで集約

「列のピボット_集計_2」から「テーブルまたは範囲から」でエディターを開き、以下の手順で「列のピボット」を行います。

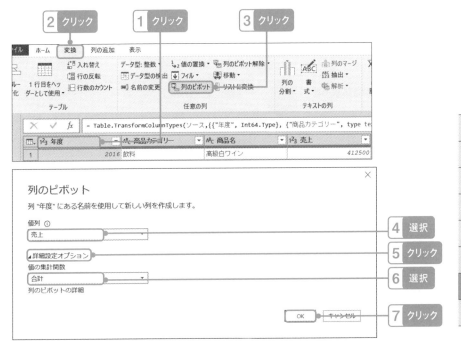

図6-37　「列のピボット」の設定

選択されなかった「商品化カテゴリー」と「商品名」の2つの列が重複のない組み合わせで行方向に並びます。

	ABC 商品カテゴリー	ABC 商品名	1²₃ 2016	1²₃ 2017	1²₃ 2018
1	菓子	アイスクリーム	null	null	84900
2	菓子	マカロン	626400	null	626400
3	雑貨	つまようじ	null	164000	null
4	雑貨	ペーパータオル	null	null	null
5	雑貨	割りばし	null	82000	null
6	食料品	チキン	379000	758000	null
7	食料品	ミックスベジタブル	153900	461700	null
8	食料品	塩	null	null	1200

図6-38　「商品カテゴリー」と「商品」が重複のない組み合わせに集約

集計しない列のピボット

「列のピボット」のもう1つの使い方として、集計を行わずにテキスト情報などを横に並べる使い方があります。今回の例では、以下のように縦に項目が並んだデータをデータベース形式の表に組み替えます。

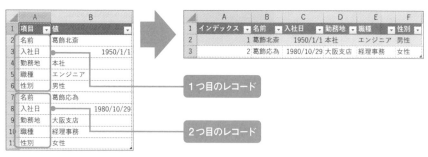

図6-39　縦に項目が並んだデータ

この場合、マトリクス表にしたとき1つのセルに複数のセルの情報が集約されてはいけません。文字情報は数字のように集計できないためです。

今回の例では5行ごとに異なる人のデータが入っているので、それぞれの別な個人を特定するIDを振り、マトリクス表の1つのセルに複数の値が入ることを防ぎます。

◎縦に並んだデータを横に起こす（エラーパターン）

最初にエラーとなるパターンを紹介します。「縦並び型_項目名あり」テーブルから「テーブルまたは範囲から」でエディターを開き、「項目」列を選んで「列のピボット」を行います。

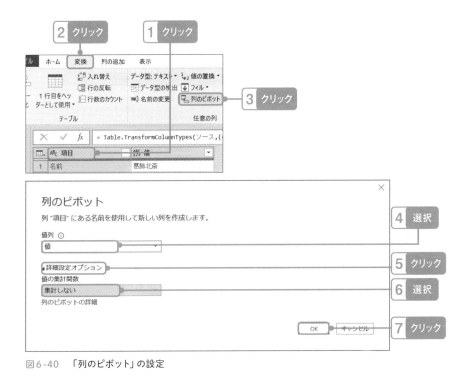

図6-40 「列のピボット」の設定

　すると、結果がすべて「Error」となってしまいました。エラーメッセージを確認すると「列挙内の要素が多すぎるため、操作を完了できませんでした。」とあります。

図6-41 結果がすべて「Error」に

「適用したステップ」の「ピボットされた列」ステップ右側の歯車をクリックし、「値の集計関数」を「カウント（すべて)」にします。

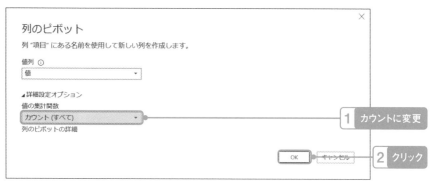

図6-42　「値の集計関数」を「カウント（すべて)」に

　すると、すべての値が「2」となり、1つのセルに複数の値が入っていることが分かります。つまり、①縦に並ぶ列の値が存在しなかったため、「葛飾北斎」と「葛飾応為」の二人の情報が1つのセルに集約されてしまったことが原因です。

1.2 名前	1.2 入社日	1.2 勤務地	1.2 職種	1.2 性別
1	2	2	2	2	2

図6-43　二人の情報が一つのセルに集約

◎ インデックスを追加してレコードのIDを追加する。

　今度は「葛飾北斎」に「1」、「葛飾応為」に「2」というように個人を特定するIDを付与します。

　Power Queryエディターを閉じてもう一度、「縦並び型_項目名あり」から「テーブルまたは範囲から」でエディターを開き、0から始まるインデックスを追加します。

図6-44　連番が「インデックス」列として追加された

5行ごとに新しい個人のデータが始まるので、インデックスを5で割ったときの商を使って個人にIDを振ります。

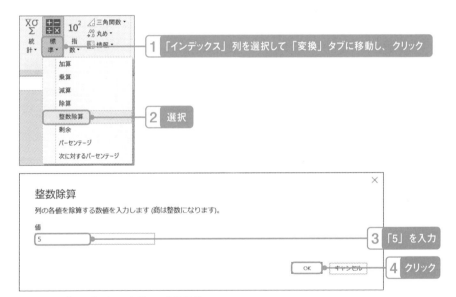

図6-45　「インデックス」を「5」で整数除算

「インデックス」列が5行ごとに増加する数字になりました。「名前」が「葛飾応為」の行から「1」が始まっていることを確認してください。

	A&c 項目	▼	¹²₃ 値	▼	¹²₃ インデックス	▼
1	名前		葛飾北斎			0
2	入社日		1950/01/01 0:00:00			0
3	勤務地		本社			0
4	職種		エンジニア			0
5	性別		男性			0
6	名前		葛飾応為			1
7	入社日		1980/10/29 0:00:00			1
8	勤務地		大阪支店			1
9	職種		経理事務			1
10	性別		女性			1

図6-46 「インデックス」で個人を特定

インデックスを1から始まる連番にします。

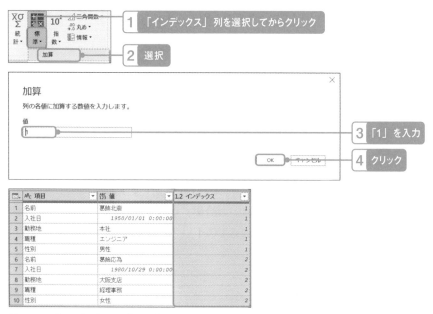

1 「インデックス」列を選択してからクリック

2 選択

加算

列の各値に加算する数値を入力します。

値

3 「1」を入力

4 クリック

	A&c 項目	▼	¹²₃ 値	▼	1.2 インデックス	▼
1	名前		葛飾北斎			1
2	入社日		1950/01/01 0:00:00			1
3	勤務地		本社			1
4	職種		エンジニア			1
5	性別		男性			1
6	名前		葛飾応為			2
7	入社日		1980/10/29 0:00:00			2
8	勤務地		大阪支店			2
9	職種		経理事務			2
10	性別		女性			2

図6-47 「インデックス」を「1」開始に

「インデックス」列を先頭に移動してすると、「インデックス」と「項目」の組み合わせがユニークになり、マトリクス表にしたときに「値」が1つのセルに同居することがなくなりました。

図6-48　「インデックス」と「項目」の組み合わせはユニーク

　「項目」を選択して「列のピボット」を実行し、データベース形式に変換して完成です。

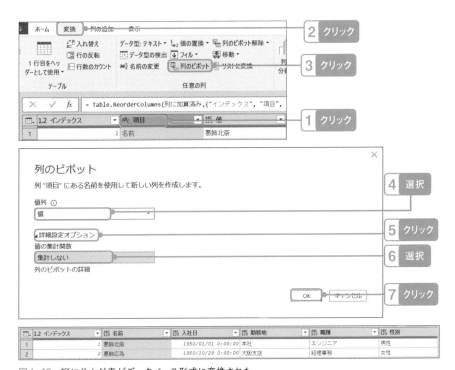

図6-49　縦に並んだ表がデータベース形式に変換された

◎項目名がないパターン

項目名がなく、5行ごとに別な個人のデータが繰り返される表では、インデックスで仮の項目名を振ります。

図 6-50　項目名がない表

「縦並び型_項目名なし」から「テーブルまたは範囲から」でエディターを開き、「インデックス列」を追加します。

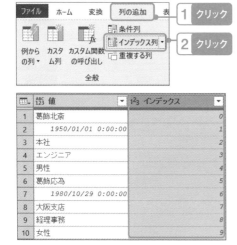

図 6-51　「インデックス列」を追加

「インデックス列」を選択し、今度は「列の追加」タブから「標準」の「除算(整数)」で「値」に「5」を入力し、個人ごとのIDを追加します。

	ABC 123 値	123 インデックス	123 整数除算
1	葛飾北斎	0	0
2	1950/01/01 0:00:00	1	0
3	本社	2	0
4	エンジニア	3	0
5	男性	4	0
6	葛飾応為	5	1
7	1980/10/29 0:00:00	6	1
8	大阪支店	7	1
9	経理事務	8	1
10	女性	9	1

図6-52 「整数除算」として個人を特定するIDを追加

再び「インデックス」列を選択し、「列の追加」から「標準」の「剰余」で「5」を入力し、「0」から「4」の値を繰り返す値を追加します。

	123 値	123 インデックス	123 整数除算	1.2 剰余
1	葛飾北斎	0	0	0
2	1950/01/01 0:00:00	1	0	1
3	本社	2	0	2
4	エンジニア	3	0	3
5	男性	4	0	4
6	葛飾応為	5	1	0
7	1980/10/29 0:00:00	6	1	1
8	大阪支店	7	1	2
9	経理事務	8	1	3
10	女性	9	1	4

図6-53 「0〜4」の仮の項目名を追加

「条件列」をクリックし、「剰余」の「0」から「4」の各値に項目名を設定します。

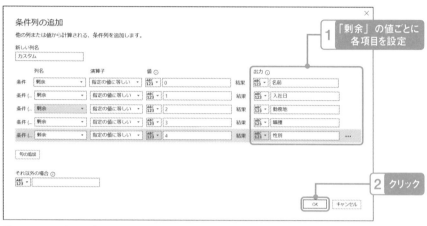

図6-54　項目名を設定

「インデックス」列と「剰余」列を削除し、「整数除算」の列名を「ID」に変更します。合わせて「ID」列を選択し、「変換」タブの「標準→加算」で「値」に「1」を入力し、「1」始まりの連番にします。

123 値	1.2 ID	123 カスタム	
1	葛飾北斎	1	名前
2	1950/01/01 0:00:00	1	入社日
3	本社	1	勤務地
4	エンジニア	1	職種
5	男性	1	性別
6	葛飾応為	2	名前

「ID」に変更

図6-55　「インデックス」を「ID」に変更

「カスタム」列を選択し、「列のピボット」でデータベース形式に変換します。

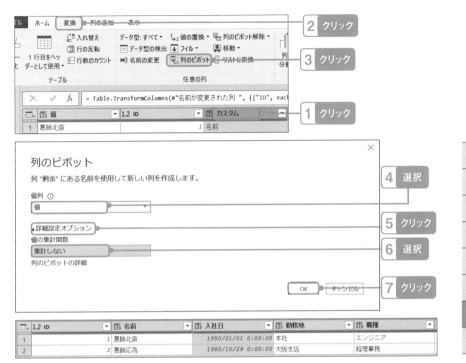

図6-56 データベース形式に変換できた

［第7章］
さらなる活用に向けて

　ここまでそれぞれの用途に応じたパワークエリの使い方を実例を通して紹介してきました。本章では、そこからさらにパワークエリを活用するためのポイントを紹介します。

サンプルは「7. さらなる活用に向けて」を使用します。

1　クエリの管理

1つのExcelブックの中にクエリが増えてきたときに、それらクエリを管理するときのポイントです。

「クエリと接続」ペインの移動

「クエリと接続」ペインは通常、右端に表示されていますが、ドラッグ＆ドロップで左側に移動することができます。お好みに応じて使いやすい場所に移動するとよいでしょう。

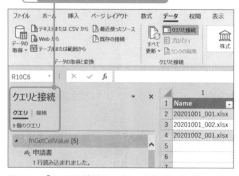

図7-1　「クエリと接続」ペインを画面左へ移動

クエリのコピー&ペースト

クエリは簡単にコピー&ペーストできます。「クエリと接続」ペインでクエリ名を右クリックしてコピーを選択するとコピーできます。貼り付けるときはコピー先のExcelファイルの「クエリと接続」ペインで右クリックして「貼り付け」を選択します。

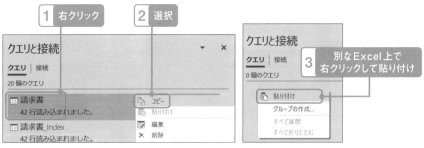

図7-2　クエリのコピー&ペースト

また、メモ帳などのテキストエディターに貼り付けると、クエリのソースコードを貼り付けることができます。

図7-3　クエリのソースコードをメモ帳に貼り付け

クエリのエクスポート＆インポート

　クエリの定義をodcファイルとしてエクスポート＆インポートすることができます。ファイルとして出力できるのでメールで送ったり共有フォルダーに保存しておけば、チームで同じクエリを共有できます。

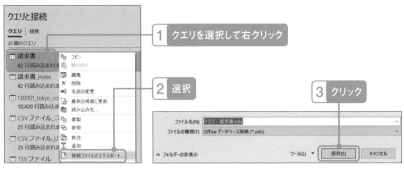

図7-4　「接続ファイルのエクスポート」

　そのまま出力すると以下のフォルダーに保存されます。

C:¥Users¥<それぞれのユーザー名>¥OneDrive¥ドキュメント¥My Data Sources

図7-5　フォルダーに定義を保存

odcファイルを読み込むときは「データの取得と変換→既存の接続」から行います。

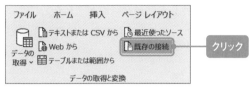

図7-6 「既存の接続」

ファイルが別なフォルダーにある場合は「参照」をクリックして指定します。

図7-7 ファイルの場所を指定

ステップ名と説明

　ステップの名前はPower Queryエディターが自動的に作成しますが、必ずしも人が理解しやすいものではありません。一度しか使わないクエリなら気にしなくても良いですが、繰り返し使うクエリはステップ名を見ただけで処理の中身が分かるようにリネームするとよいでしょう。

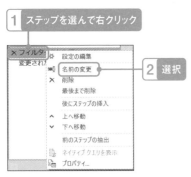

図7-8　ステップの名前を変更

　特にチームでクエリを共有するときはステップの種類ごとに共通の命名ルールを用意しておくと良いでしょう。
　またステップ名を右クリックして「プロパティ」を開くと「名前」のほかに「説明」も登録することができます。

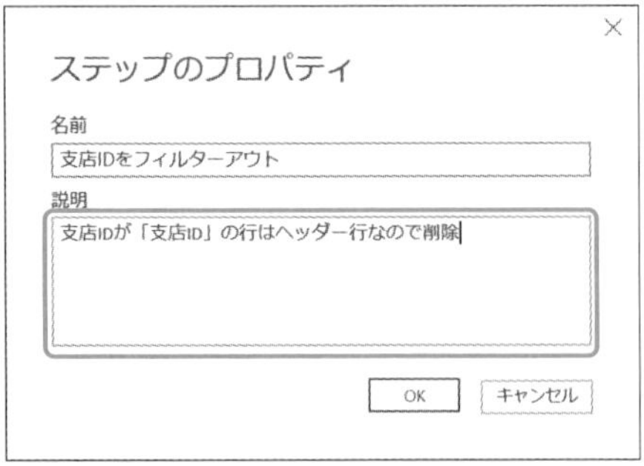

図7-9　「ステップのプロパティ」で説明を追加

ここに説明を追加すると、ステップの隣に「i」マークが表示され、ステップにマウスカーソルが当たったときに説明が表示されます。

図7-10　説明が表示される

　「詳細エディター」でソースコードを確認すると、説明は「//」で始まるコメント行として追加されます。

```
7   ... // 支店IDが「支店ID」の行はヘッダー行なので削除
8   ... 支店IDをフィルターアウト = Table.SelectRows(変更された型, each ([支店ID] <> "支店ID")),
```

図7-11　「説明」はコメント行

不要なステップの削除

　1つのクエリの中のステップ数が多いと全体の流れが見えにくくなります。可能な限りステップを少なくして、クエリのストーリー全体を理解しやすくしましょう。

　不要なクエリを削除するには以下のようなテクニックがあります。

◎「列の並べ替え」は最後のみにする

　1つのクエリを作成していく中で、「列の並べ替え」を何度も行うことがあります。もちろんクエリの編集中には何回行っても構わないのですが、いったんクエリが完成して安定して動くようになったら、最後を残して中間の「列の並べ替え」ステップを削除することができます。

　そもそも列の並べ替えは人間がデータを見やすくするためのものなので、なくなっても他のステップには何も影響を与えません。また、列の並べ替えのパラメーターはリスト形式で、すべての列の並び順が定義されているので、最後のステップが1つあれば事足ります。

◎カスタム列の追加と同時に型設定を行う

「カスタム列」を追加するとデータは「すべて」型になるため、もう一度別な
ステップで型宣言をする必要があります。しかし、数式バーで**Table.
AddColumn**関数に「, type number」や「, type text」というように第4引数を
追加すると作成と同時に型設定を行えます。

```
= Table.AddColumn(支店IDをフィルターアウト, "売上", each [販売
単価] * [販売数量], type number)
```

クエリのグループ化

様々なデータを取り込み、加工していると1つのExcelブックの中にたくさんの
クエリが作られます。このような場合、クエリの種類ごとにグループ化して管理
するとよいでしょう。

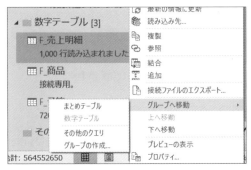

図7-12　クエリのグループ化

クエリの分類の仕方には大きく分けて、「データの処理段階」に応じたグルー
プ分けと「パワーピボットのリレーションシップを使ったテーブルの用途」に基
づいた2種類のアプローチがあります。

【データの処理段階に応じたグループ分け】

1．インポートしたときの生データ

2．中間加工処理

3．アウトプット

【テーブルの用途に応じたグループ分け】

1．数字テーブル（ファクト・テーブル）

2．まとめテーブル（ディメンション・テーブル）

クエリを適切な単位で区切る

　すべてのデータ加工処理を1つのクエリで行う必要はありません。適切な単位でクエリを分割すると、処理の内容を理解しやすくなったり、変更への対応がしやすくなったりします。

　例えば、「クエリの結合」で2つのクエリをマージする場合、「新しいクエリとして結合」で新しいクエリを作成するとデータソースとの違いが分かりやすくなります。

　クエリを適切な単位で区切るには、「新しいクエリとして結合」や「新しいクエリとして追加」、クエリの「参照」、「前のステップの抽出」、「複製」を上手に使うことがポイントです。

2 データの読み込み先について

　パワークエリにはデータの読み込み先として、5つの選択肢があります。

　・ワークシートテーブル

　・ピボットテーブルレポート

　・ピボットグラフ

　・接続の作成のみ

　・データモデル

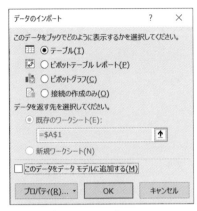

図7-13 「データのインポート」

　ワークシートテーブルはExcelユーザーにとって最もなじみ深い読み込み先です。ワークシートテーブルに読み込むことで通常のテーブルとして利用できますし、そこからピボットテーブルで集計しても良いでしょう。また、**データを返す先を選択してください。**で今開いているシートの特定の場所、または新規のワークシートに保存先を設定できます。

　ピボットテーブル レポートと**ピボットグラフ**はワークシートテーブルを経由せずに、最初からインタラクティブなレポートで集計・分析するときに使います。

　接続の作成のみには2つの使い方があります。

　1つは別なクエリで利用はするが、データそのものは読み込む必要のない中間クエリとして利用するケースで、もう1つは同時に**このデータをデータモデルに追加する**のチェックを入れて、大量のデータをExcel上に取り込むケースです。この方法を使うと、ワークシートのように気軽にデータの明細を見ることはできませんが、以下のメリットによりピボットテーブルで大量のデータ分析が可能になります。

1. 数十万行の大量データを取り込んでもファイルが小さく処理速度も速い
2. 104万を超えるデータを読み込んでピボットテーブルで集計・分析が可能
3. 「メジャー」と呼ばれるパワーピボットの高度な集計関数が使える

パワークエリは様々なデータの取り込み・加工を自動化する極めて便利なツールですが、ある程度の規模のデータを扱っていると、その実行速度＝パフォーマンスが悪化することがあります。

それらパフォーマンスの改善するには以下の対応があります。

不要な行と列は、早い段階で削除する

単純な話ですが、処理するデータ行数と列数が多いほど処理とメモリーの負担が増加します。例えば、「クエリの結合」をするにもすべての行にかけるのと、フィルターをかけた後に残った行だけにかけるのでは、断然後者の方が処理するデータ量が少なく、負担も少ないです。

可能な限りクエリの早い段階で不要な行と列の削除を行っておきましょう。

Table.Buffer関数、List.Buffer関数を使用する

特に1対多の「クエリの結合」を行った後や、List.Accumlate関数を使って別テーブルのデータを繰り返し参照する場合、著しくパフォーマンスが低下することがあります。それは、1行1行の処理のたびにパワークエリが参照先のデータにアクセスしに行き、ディスクI/Oが発生してしまうためです。

その場合、Table.Buffer関数、List.Buffer関数を使って、参照先のテーブル全体をあらかじめメモリーに読み込んでおくとパフォーマンスが劇的に改善するケースがあります。

ただし、参照先のテーブルのデータソースやサイズによっては、これらの関数を使ってもパフォーマンスが改善しないケースがあるので適切な場面で使うことが重要です。

4 エラーへの対応

パワークエリでクエリを作成していると、エラーに直面することがあります。ここではエラー処理の基本とよくあるエラーについて紹介します。

エラー処理の基本

クエリの中でエラーが発生するとクエリの読み込み結果に青字でエラーが表示されます。この青字のリンクをクリックするとエラーレコードのみを保持した新しいクエリが作成されます。

図7-14　新しいクエリが作成される

このクエリと元のクエリを比較しながらエラーを潰していくのも1つのやり方ですが、私は次のやり方をお勧めします。

クエリを読み込んだときにエラーが発生した場合、元のクエリを開きます。クエリが開いたら最後のステップまで移動して、プレビュー左上のテーブルの型のアイコンから「エラーの保持」を選択します。

図7-15 「エラーの保持」

　するとエラーがある行だけが残ります。Errorの文字が見つかったら、文字の隣をクリックすると、画面下にエラーが表示されます。

図7-16 エラーの原因を表示

　エラーを特定したら、その原因となるステップに戻り、1つずつ潰していきます。
　このように、①エラー行の特定、②エラー列の特定、③エラーへの対処を繰り返し、「保存されたエラー」ステップの結果が空になるまで繰り返します。

図7-17 結果が空になるまで繰り返す

「保存されたエラー」の結果が空になったら、最後に「保存されたエラー」ステップを削除します。

よくあるエラーについて

パワークエリで見られる典型的なエラーについて紹介します。

◎列名変更によるエラー

パワークエリの加工処理は列の名前を指定して行われます。したがって、クエリの途中で後から列名を変更してしまうと、後続のステップで列が見つからなくなり、エラーになります。中間のステップに影響を与えないためにも列名の整形は最後の方のステップでまとめて行うのが安全です。

◎データ型のエラー

Excelと異なり、パワークエリはデータの型の違いにとても敏感です。特に数字型と設定されていた列にテキスト型のデータが入っていてエラーになるケースは多いです。

パワークエリはすべての行ではなく、先頭から一定数の行をサンプルとして各列のデータ型を自動的に判断します。したがって、それ以降の行に異なる型のデータが入ってきたりするとエラーになります。

このような場合は、データ型を個別に直すか、もしくは、パワークエリのデータ型の自動検出を無効にして、常に人が設定するようにします。データ型の自動検出を無効にするには、「クエリのオプション」の「データの読み込み」で設定します。

▶「データ」タブ→データの取得→クエリオプション→データの読み込み

今開いているExcelブックだけでなくすべてのブックで設定するには「グローバル」から、今開いているブックのみで設定するには「現在のブック」から設定します。

図7-18 データ型の自動検出を無効にする

◎Excel関数のエラー

これはパワークエリの問題ではなく、データソースであるExcelブック自体に
エラーのある数式が入っているケースです。この場合は、元のExcelファイルに
戻って根本の式を直します。

5 応用①：1枚ものの請求書をまとめて読み込む

今までのテクニックを応用して、請求書フォーマットになったExcelファイル
をまとめて取り込みます。

フォルダー内の複数のExcelブックを読み込む（請求書形式）

請求書のようなフォーマットには、**1つのシートに会社名や支店名といった
「共通ヘッダー情報」と個々の商品ごとの「明細情報」の2通りの情報が含まれ
ている**ので、それらを上手くデータベース形式に変換することがポイントです。

◎請求書のフォーマットを把握する

「請求書」フォルダーを使用します。

中には以下のように会社ごとのサブフォルダーがあり、サブフォルダーには日
付ごとの請求書ファイルが保存されています。

	名前
📁	株式会社DAX
📁	神エクセル株式会社

	名前
📊	20200612.xlsx
📊	20200613.xlsx

図7-19　サブフォルダと日付ごとの請求書

　それぞれの請求書は上部に発行日、請求書番号といった**ヘッダー情報**が、中部に商品CD、商品名、単価といった**明細**が、最下部には合計欄があり、支店はシート毎に分かれています。

	A	B	C	D	E	F	
1			**請求書**				
2					発行日	2020/6/12	
3					請求書番号	GOD2020061201	ヘッダー情報
4							
5		株式会社　モダンエクセル御中					
6						神Excel株式会社	
7							
8							
9		商品CD	商品名	単価	数量	価格	
10		P0022	アイスクリーム	200	20	4,000	
11		P0025	チョコレート	200	18	3,600	明細
17		P0027	カップケーキ	500	4	2,000	
18		P0003	白ワイン	2,500	1	2,500	
19							
20					合計	37,100	合計

図7-20　請求書のフォーマット

図7-21　支店

　データ取り込みのポイントは、明細がデータの**最小単位**となり、それにヘッダー情報を「繰り返し項目」として追加することです。

◎請求書ファイルのデータにアクセスする

新しいExcelブックを開き、「請求書」フォルダーをデータソースに指定します。

> ▶「データ」タブ→データの取得→ファイルから→フォルダーから
>
> ▶ フォルダーパス→「請求書」フォルダー→開く→OK→データの変換
>
> ▶「Content」、「Name」、「Folder Path」列を選択→列の削除→他の列の削除

	Content	Name	Folder Path
1	Binary	20200512.xlsx	c:\パワークエリ\7. さらなる活用に向けて\請求書\株式会社DAX\
2	Binary	20200612.xlsx	c:\パワークエリ\7. さらなる活用に向けて\請求書\神エクセル株式会社\
3	Binary	20200613.xlsx	c:\パワークエリ\7. さらなる活用に向けて\請求書\神エクセル株式会社\

図7-22 列の選択

「Name」列を日付に変換します。

> ▶「Name」列を選択
>
> ▶「変換」タブ→抽出→区切り記号の前のテキスト
>
> ▶ 区切り記号→「.」→OK
>
> ▶「Name」列を選択→データ型→日付

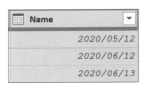

Name
2020/05/12
2020/06/12
2020/06/13

図7-23 「日付」型に変更

「Folder Path」から会社名を取得します。

> ▶「Folder Path」列を選択
>
> ▶ 抽出→区切り記号の後のテキスト
>
> ▶ 区切り記号→「請求書」
>
> ▶ 値の置換
>
> ▶ 検索する値→「\」→OK

	Content		Name		Folder Path	
1	Binary		2020/05/12	株式会社DAX	
2	Binary		2020/06/12	神エクセル株式会社	
3	Binary		2020/06/13	神エクセル株式会社	

図7-24 「\」を取り除く

これから各Excelのシートにアクセスしていきます。

まずはフォルダーの中のExcelブックのバイナリデータである「Content」の中身にアクセスします。

▶「列の追加」タブ→カスタム列

▶ カスタム列の式→
  =Excel.Workbook([Content])

▶ OK

▶「Content」列を選択→「ホーム」タブ→列の削除→列の削除

次に「カスタム」のTableを展開します。

▶「カスタム」列の右上の展開ボタンをクリック

▶ OK

各Excelブック内のオブジェクトの一覧が表示されています。

カスタム.Name	カスタム.Data	カスタム.Item	カスタム.Kind	カスタム.Hidden
鹿児島支店	Table	鹿児島支店	Sheet	FALSE
東京支店	Table	東京支店	Sheet	FALSE
大阪支店	Table	大阪支店	Sheet	FALSE
_xlnm._FilterDatabase	Table	大阪支店!_xlnm._Filter...	DefinedName	TRUE
_xlnm._FilterDatabas...	Table	東京支店!_xlnm._Filter...	DefinedName	TRUE
京都支店	Table	京都支店	Sheet	FALSE
_xlnm._FilterDatabase	Table	京都支店!_xlnm._Filter...	DefinedName	TRUE

図7-25 オブジェクトの一覧

各シートの中身まで展開します。

▶「カスタム列.Kind」列の▼をクリック

▶「Defined Name」のチェックを外す→OK

▶「カスタム.Item」、「カスタム.Kind」、「カスタム.Hidden」列を選択

▶「ホーム」タブ→列の削除→列の削除

▶「カスタム.Data」列の右上の展開ボタンをクリック→OK

カスタム.Data.Colum...	カスタム.Data.Colum...	カスタム.Data.Colum...	カスタム.Data.Colum...	カスタム.Data.Colum...
請求書	null	null	null	null
null	null	null 発行日		2020/06/13
null	null	null 請求書番号		DAX202005
null	null	null	null	null
株式会社　モダンエクセル...	null	null	null	null
null	null	null	null 株式会社DAX	
null	null	null	null	null
null	null	null	null	null
商品CD	商品名	単価	数量	価格
P0021	ショートケーキ	500	15	7500
P0022	アイスクリーム	200	20	4000

図7-26　各シートの中身

◎ヘッダー項目の切り出し

「Name」「Folder Path」「カスタム.Name」の列名をそれぞれ「請求書到着日」、「会社名」、「支店名」に変えます。

	請求書到着日 ▼	会社名 ▼	支店名 ▼
1	2020/05/12	株式会社DAX	鹿児島支店

図7-27　列名を変更

次に、「発行日」と「請求書番号」を取得します。これらの項目はファイル名やシート名ではなく、シートの中の特定の行にあります。

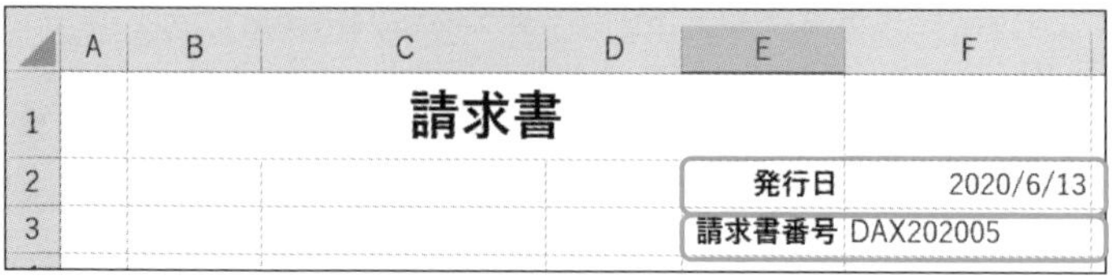

図7-28　「発行日」と「請求書番号」

Power Queryエディターのプレビューを見るとこれらの項目は同じ列に縦に並んでいます。

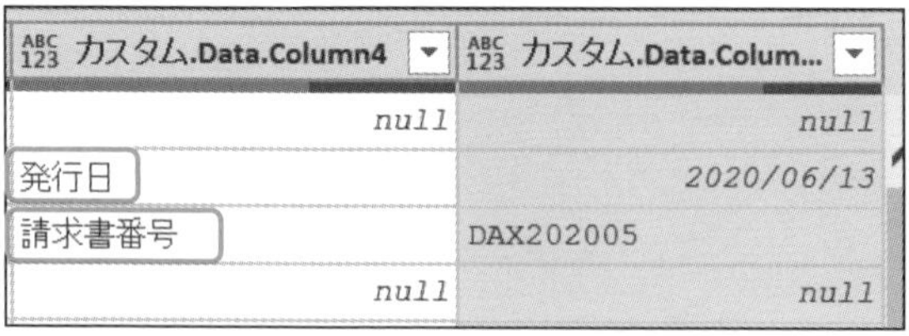

図7-29　同じ列に並んでいる

このような場合、「**条件列**」を使って値を横へ逃がし、「**フィル**」で**null**を埋めます。今回は「カスタム.Data.Column4」の値が「発行日」のとき、同じ行の「カスタム.Data.Column5」が実際の値なのでこれを切り出します。

「列の追加」タブで、「条件列」を追加し、「発行日」を作ります。

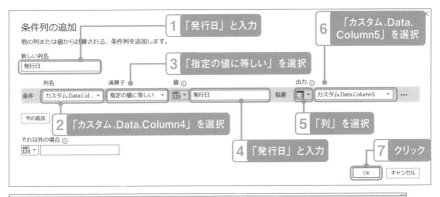

ABC 123 カスタム.Data.Column4 ▼	ABC 123 カスタム.Data.Colum... ▼	ABC 123 発行日 ▼
null	*null*	*null*
発行日	*2020/06/13*	*2020/06/13*
請求書番号	DAX202005	*null*
null	*null*	*null*

図7-30 「発行日」の値を横に逃がす

「発行日」列を選択し、「フィル」で**null**データを下方向に埋めます。

▶ 「発行日」列を選択→「変換」タブ

▶ フィル→下

ABC 123 カスタム.Data.Column4 ▼	ABC 123 カスタム.Data.Colum... ▼	ABC 123 発行日 ▼
null	*null*	*null*
発行日	*2020/06/13*	*2020/06/13*
請求書番号	DAX202005	*2020/06/13*
null	*null*	*2020/06/13*

図7-31 「発行日」を下方向に埋める

21行目までスクロールすると、次の請求書の日付に切り替わります。

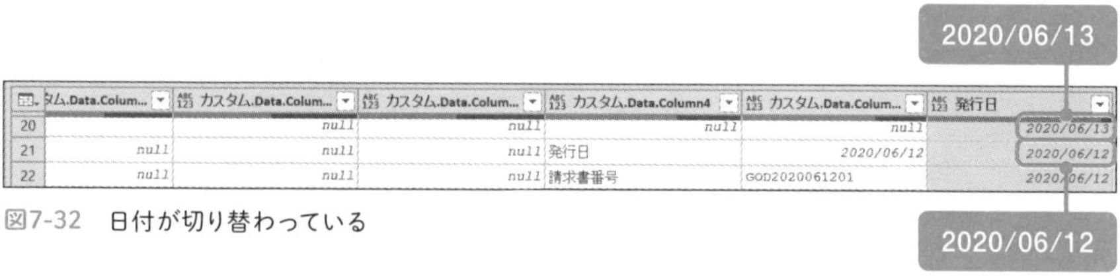

2020/06/13

2020/06/12

図7-32　日付が切り替わっている

同様に「条件列」で「カスタム.Data.Column4」が「請求書番号」であるときの「カスタム.Data.Column5」列を「請求書番号」列として追加します。列を追加したら、「請求書番号」列を選んで、「変換」タブの「フィル→下」を実行します。

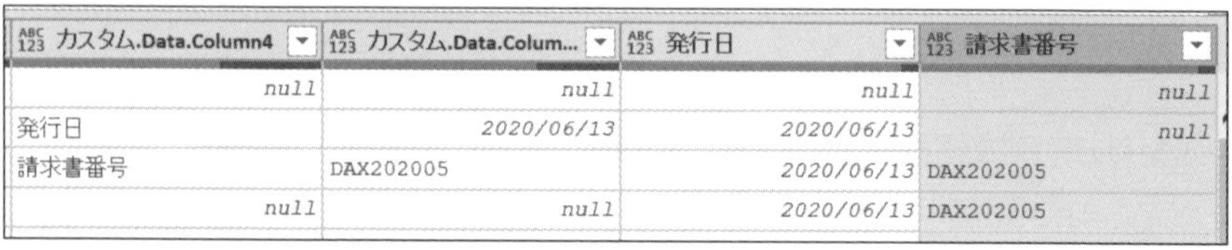

図7-33　「請求書番号」に条件列を追加

これでヘッダー項目を明細に持ってくることができました。

◎明細項目の取り出し

明細項目のヘッダーは9行目でデータは10行目から始まっています。

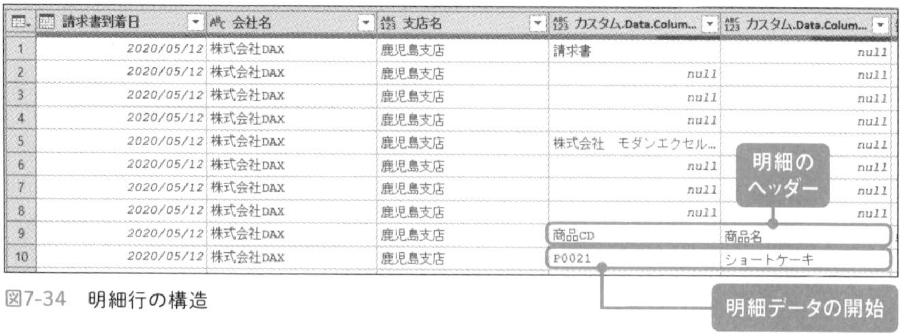

図7-34　明細行の構造

既に「発行日」「請求書番号」といったヘッダー情報は明細の各行に存在しているので、上位9行目までを削除し、列名を作ります。

▶ 「ホーム」タブ→行の削除→上位の行の削除

▶ 行数→「9」→OK

	請求書到着日	会社名	支店名	カスタム.Data.Colum...	カスタム.Data.Colum...
1	2020/05/12	株式会社DAX	鹿児島支店	P0021	ショートケーキ
2	2020/05/12	株式会社DAX	鹿児島支店	P0022	アイスクリーム

図7-35　上位9行目までを削除

「カスタム. Data. Column1〜5」列のそれぞれの列名を変更します。

	商品CD	商品名	単価	数量	価格
1	P0021	ショートケーキ	500	15	7500
2	P0022	アイスクリーム	200	20	4000
3	P0023	プリン	150	17	2550

図7-36　列名を変更

◎ブランク行・不要な行の削除

不要な行を削除します。既にヘッダー項目は各行にあるので、明細行のデータだけ残れば問題ありません。したがって削除する対象の行は、「ヘッダー項目」、何の情報もない「空白行」、「明細のヘッダー行」「合計行」の種類です。

なるべく少ないフィルターでこれらの条件を満たせるのが理想です。データの傾向を見ると「商品名」列は**null**が多く、絞り込みが簡単です。

図7-37　nullの多い列を探る

「商品名」列右側の「▼」をクリックし、フィルターで「null」と「商品名」
を外して、「OK」をクリックします。

図7-38　きれいにデータが明細化される

◎仕上げの型変換と列の並べ替え

データ型を設定します。

▶ 「請求書到着日」列を選択→Shiftキーを押しながら「請求書番号」
をクリック

▶ 「変換」タブ→データ型の検出

値の「繰り返し」が多い項目がピボットテーブルの上位階層になるので、そのような項目が左側になるように列を並べ替えます。

- ・請求書到着日
- ・会社名
- ・支店名
- ・発行日
- ・請求書番号

　これ以降は「商品CD」から始まる明細列をそのままの順番にしておきます。

	請求書到着日	会社名	支店名	発行日	請求書番号	商品CD
1	2020/05/12	株式会社DAX	鹿児島支店	2020/06/13	DAX202005	P0021
2	2020/05/12	株式会社DAX	鹿児島支店	2020/06/13	DAX202005	P0022
3	2020/05/12	株式会社DAX	鹿児島支店	2020/06/13	DAX202005	P0023
4	2020/05/12	株式会社DAX	鹿児島支店	2020/06/13	DAX202005	P0024
5	2020/05/12	株式会社DAX	鹿児島支店	2020/06/13	DAX202005	P0025
6	2020/05/12	株式会社DAX	鹿児島支店	2020/06/13	DAX202005	P0026
7	2020/05/12	株式会社DAX	鹿児島支店	2020/06/13	DAX202005	P0027
8	2020/05/12	株式会社DAX	鹿児島支店	2020/06/13	DAX202005	P0028
9	2020/06/12	神エクセル株式会社	東京支店	2020/06/12	GOD2020061201	P0022

図7-39　列の並べ替え

　「閉じて読み込む」を実行して完成です。

	A	B	C	D	E	F	G	H	I	J
1	請求書到着日	会社名	支店名	発行日	請求書番号	商品CD	商品名	単価	数量	価格
2	2020/5/12	株式会社DAX	鹿児島支店	2020/6/13	DAX202005	P0021	ショートケーキ	500	15	7500
3	2020/5/12	株式会社DAX	鹿児島支店	2020/6/13	DAX202005	P0022	アイスクリーム	200	20	4000
4	2020/5/12	株式会社DAX	鹿児島支店	2020/6/13	DAX202005	P0023	プリン	150	17	2550
5	2020/5/12	株式会社DAX	鹿児島支店	2020/6/13	DAX202005	P0024	マカロン	300	30	9000
6	2020/5/12	株式会社DAX	鹿児島支店	2020/6/13	DAX202005	P0025	チョコレート	200	20	4000
7	2020/5/12	株式会社DAX	鹿児島支店	2020/6/13	DAX202005	P0026	パフェ	700	12	8400
8	2020/5/12	株式会社DAX	鹿児島支店	2020/6/13	DAX202005	P0027	カップケーキ	500	5	2500
9	2020/5/12	株式会社DAX	鹿児島支店	2020/6/13	DAX202005	P0028	ドーナツ	250	2	500
10	2020/6/12	神エクセル株式会社	東京支店	2020/6/12	GOD2020061201	P0022	アイスクリーム	200	20	4000

図7-40　請求書がデータベース形式に並んだ

　なお、今回の例では「ヘッダー項目」の切り出しに、テキスト情報を使いましたが、データのある行が常に固定されていれば、**Table.AddIndexColumn**関数で行番号を取得して「条件列」で指定することもできます。

その場合、「展開されたカスタム.Data」ステップの前に以下の処理を追加します。

> ▶ 「列の追加」タブ→カスタム列
> ▶ カスタム列の式→
>   = Table.AddIndexColumn([カスタム.Data], "Index")
> ▶ OK
> ▶ 「カスタム列.Data」列を選択→「ホーム」タブ→列の削除→列の削除
> ▶ 「カスタム列」列の展開ボタンをクリック

すると、右端に「カスタム.Index」列が現れます。

このIndexにはそれぞれのシートごとに新しく連番が振られますので、「発行日」のIndexは必ず「1」になります。

したがって、「条件列」で「発行日」のテキストの代わりにIndexの値を使うことができます。

ᴬᴮᶜ₁₂₃ カスタム.Column4	ᴬᴮᶜ₁₂₃ カスタム.Column5	ᴬᴮᶜ₁₂₃ カスタム.Index
null	null	0
発行日	2020/06/13	1
請求書番号	DAX202005	2
null	null	3
null	null	4
null	株式会社DAX	5
null	null	6
null	null	7
数量	価格	8
15	7500	9
20	4000	10
17	2550	11
30	9000	12
20	4000	13
12	8400	14
5	2500	15
2	500	16
null	null	17
合計	38450	18
null	null	0
発行日	2020/06/12	1
請求書番号	GOD2020061201	2

図7-41 「カスタム.Index」列が現れる

フォルダー内の複数のPDF請求書ファイルの読み込み

同じフォーマットのPDFの請求書ファイルをまとめて読み込む手順です。

◎ファイル一覧の取得

新しいExcelブックを開き、「請求書PDF」フォルダをデータソースとして指定します。

- ▶ 「データ」タブ→データの取得→ファイルから→フォルダーから
- ▶ フォルダーパス→「請求書PDF」フォルダー→開く→OK→データの変換

× ✓ *fx*	= Folder.Files("C:\パワークエリ\7. さらなる活用に向けて\請求書PDF")		

	Content	ABC Name	ABC Extension	Da
1	Binary	請求書PDF_大阪.pdf	.pdf	20
2	Binary	請求書PDF_東京.pdf	.pdf	20

図7-42 ファイルの一覧を取得

◎PDFファイルとして変換

カスタム列でPDFファイルを変換します。

- ▶ 「列の追加」タブ→カスタム列
- ▶ カスタム列の式→
  =Pdf.Tables([Content])
- ▶ OK

以下の手順でPDFファイルの中身を展開します。

▶ 「Name」列と「カスタム」列を選択→右クリック→他の列の削除
▶ 「カスタム」列右上の展開ボタン→OK
▶ 「カスタム.Kind」列右上の▼→「Table」のチェックを外す→OK
▶ 「列の追加」タブ→カスタム列
▶ カスタム列の式
    =Table.AddIndexColumn([カスタム.Data],"Index")
▶ OK
▶ 「Name」と「カスタム」列を選択→右クリック→他の列の削除
▶ 「カスタム」列右上の展開ボタン→OK

　これでそれぞれのPDFファイルの中身にアクセスできました。この後のステップは前節を参考にしてください。

	蹴 カスタム.Data.Colum... ▼	蹴 カスタム.Data.Colum... ▼	蹴 カスタム.Data.Colum... ▼	蹴 カスタム.Data.Colum... ▼	蹴 カスタム.Data.Colum... ▼
1	null	請求書	null	null	null
2	null	null	null	発行日	2020/6/12
3	null	null	null	null	請求書番号GOD20200612...
4	株式会社	モダンエクセル御中	null	null	null
5	null	null	null	null	神Excel株式会社
6	商品CD	商品名	単価	数量	価格
7	P0022	アイスクリーム	200	20	4,000

図7-43　PDFファイルの中身にアクセスできる

6　応用②：パラメーターを使った　カスタム関数の作成

　パラメーターを使って**カスタム関数**を作ります。

　サンプルファイルは「神エクセル」とも呼ばれるExcel方眼紙です。元々紙として印刷されることを想定したこのフォーマットを従来の手順でデータベース形式にするのは至難の業ですが、パワークエリがあればまとめてデータベース形式に変換できます。

神エクセル：EXCEL方眼紙の一括データ取得

以下のように1枚のExcelシートに1つの申込情報が記録されていますが、それぞれの項目はセル結合され、シート上に散在しています。

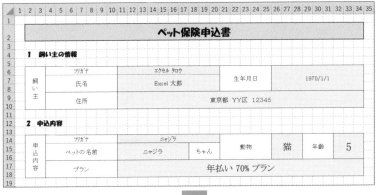

図7-44　EXCEL方眼紙の一括データ取得

全体として以下の手順でデータベース化します。

1. それぞれの項目が入力されている座標を把握する
2. 1つの座標のデータを取得する
3. 1つのExcelファイルを取り込む
4. 複数ファイルをまとめて取得

◎表示設定の変更とデータの特徴

「申込書」フォルダーの「20201001_001.xlsx」ファイルを開きます。

まず、それぞれの値の座標を特定するため、Excelの表示をR1C1参照形式にします。

図7-45 「R1C1参照形式」を使用する

セル結合された場合、データの実体は一番左上のセルに入っています。例えば、「フリガナ」の値は6行目、11列にあります。

また、1列目には全くデータが入っていない点にも注意してください。パワークエリでExcelブックを取り込むとき、データの入っていない先頭の列は無視されるので、読み込んだときに座標がズレます。

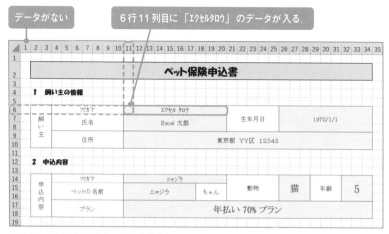

図7-46 R1C1参照形式で項目座標を知る

ここまで確認したら、ファイルを閉じます。

◎1つのセルの値の取得

まず1つの申込書の1つのセルの値を読み込むクエリを作ります。

「ネ申エクセルデータベース化.xlsx」ファイルを開き、「20201001_001.xlsx」
をインポートします。

▶「データ」タブ→データの取得→ファイルから→ブックから

▶「申込書」の「20201001_001.xlsx」を選択→インポート

▶「申込書」を選択→データの変換

この時、データのなかったExcelの左端1列目がエディターでは読み込まれて
いません。

	ABC Column1	ABC 123 Column2	ABC Column3
1	null	null	null
2	ペット保険申込書	null	null
3	null	null	null
4	1 飼い主の情報	null	null
5	null	null	null
6	飼い主	null	フリガナ
7	null	null	氏名

図7-47 左端1行はカットされる

次に「変更された型」ステップを削除します。

▶ 適用したステップ→「変更された型」を削除

続いて、「フリガナ」の値をサンプルで1つ取得します。

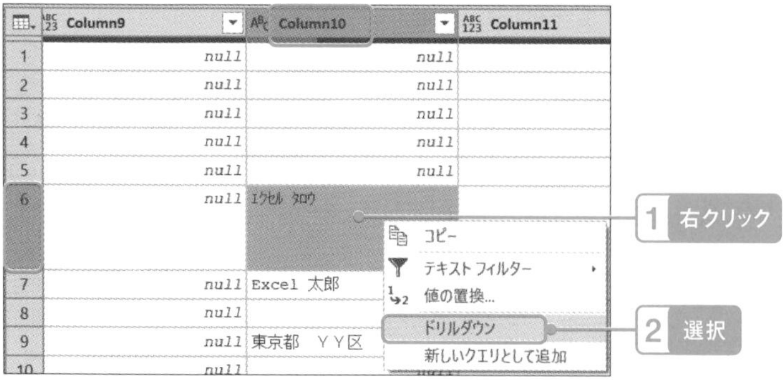

図7-48 「フリガナ」の値を取得

　すると、プレビューがテーブルではなく、テキスト型の「エクセル タロウ」という1つのセルの文字だけになります。数式バーは以下のようになっています。

```
=申込書_sheet{5}[Column10]
```

　Excelのワークシート上では、「エクセル タロウ」は6行11列目にあったので、対応関係は以下のようになります。

Excelの6行目：　　　**{5}**
Excelの11列目：　　　**[Column10]**

　このズレを意識して、座標からピンポイントでセルの値を取得します。

◎パラメーターの作成

　①行の座標、②列の座標、③ファイルパスを指定するパラメーターを作ります。行と列の座標はExcelワークシートを基準に作ります。

1 「ホーム」タブを開き、クリック

2 選択

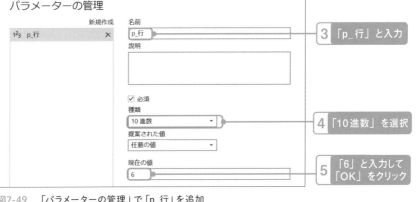

3 「p_行」と入力

4 「10進数」を選択

5 「6」と入力して「OK」をクリック

図7-49 「パラメーターの管理」で「p_行」を追加

同様に「p_列」のパラメーターを作ります。

- ▶ 名前→「p_列」
- ▶ 種類→10進数
- ▶ 現在の値→「11」

続いて、ファイルパスを取得します。今開いているExcelを離れて「申込書」フォルダーに移動して「20201001_001.xlsx」のファイルパスを取得します。

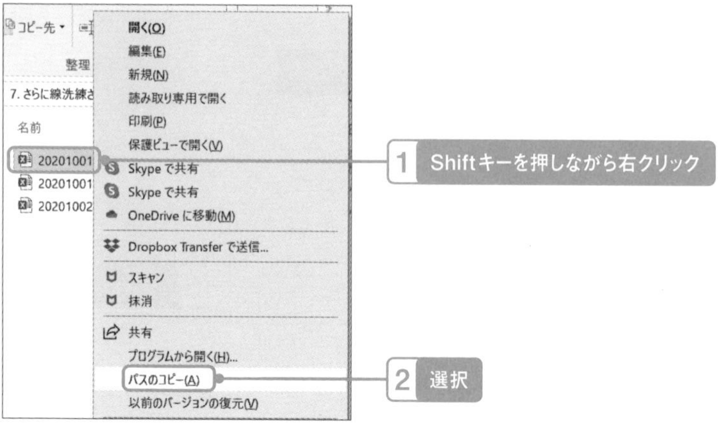

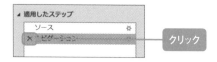

図7-50　「パスのコピー」

Excelに戻り、「p_ファイル名」のパラメーターを作ります。

- ▶ 名前→「p_ファイル名」
- ▶ 種類→テキスト
- ▶ 現在の値→《ファイルパスを貼りつけ、先頭と末尾の「"」を削除》

◎変数をパラメーターに差し替える

「申込書」クエリの編集画面に戻り「適用したステップ」から「ナビゲーション」ステップを削除し、「ソース」ステップだけにします。

▲ 適用したステップ
　　ソース　　　　　　　　　　⚙
　× ナビゲーション　　　　　　　　　　　　クリック

図7-51　「ナビゲーション」ステップを削除

「ソース」ステップの数式バーの**File.Contens("C:\...申込書\20201001_001.xlsx")**のファイルパスを「p_ファイル名」パラメーターに差し替えます。

差し替えた後も正しくプレビューが読み込まれることを確認したら、「Data」列の緑色の「Table」文字をクリックしてドリルダウンします。

図7-52　緑色の文字をクリックしてドリルダウン

「適用したステップ」から「変更された型」ステップを削除し、数式バーの「fx」ボタンをクリックして以下の数式を追加します。

=Table.ColumnNames(申込書_Sheet)

列名の一覧がリスト型データで表示されます。

図7-53　列名一覧

リスト型データの右に{番号}の添え字を付けると、その要素を取り出すことができます。「エクセル タロウ」は10行目のColumn10にあり、この番号は0から始まるので{9}でデータが取れます。

図7-54　「Column10」が表示される

今度は添え字部分をパラメーターに差し替えます。「p_列」の値はExcelワークブックの座標に合わせて「11」が入っているので、値が「9」になるように「2」

を引いた{p_列-2}をセットします。

= Table.ColumnNames(申込書_Sheet){p_列-2}

図7-55 「Column10」の値が取得できる

「適用したステップ」で「カスタム1」ステップの名前を「列名」に変更した後、「fx」をクリックし、以下の式で「Column10」の列の値をすべて取得します。

= Table.Column(申込書_Sheet, 列名)

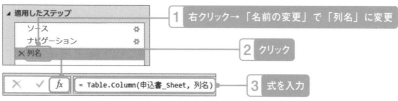

図7-56 「Column10」の列の値をすべて取得

これで「Column10」列の値をすべて取得できました。6行目に「エクセル タロウ」があります。

	リスト
1	null
2	null
3	null
4	null
5	null
6	エクセル タロウ
7	Excel 太郎

図7-57 「Column10」列の値が縦に取得できた

「適用したステップ」で「カスタム1」ステップの列名を「列リスト」に変更し、「fx」で以下の式を追加します。

=列リスト{p_行-1}

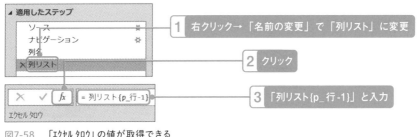

図7-58 「エクセル タロウ」の値が取得できる

「カスタム1」のステップ名を「セルの値の取得」に変更します。

図7-59 3つの変数部分をすべてパラメーターに変更

これで3つの変数部分をすべてパラメーターに変更できました。これらパラメーターの値を変更することで特定のファイル、行、列のデータを自由に取ってこられます。

◎関数の作成

「申込書」クエリからカスタム関数を作ります。

図7-60 「関数の作成」を選択

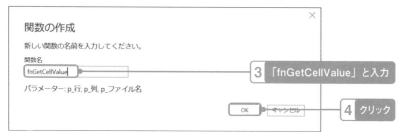

図7-61 「関数名」を入力

グループとともに「fnGetCellValue」関数が自動作成されました。
右側にはパラメーター入力画面があります。

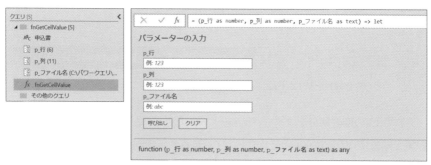

図7-62 「fnGetCellValue」関数が作成された

ここに先ほど入力した値をセットして「呼び出し」をクリックすると、セルの
値を取得できます。座標はExelワークシート基準となります。

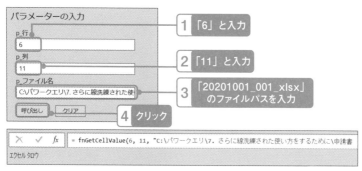

図7-63 カスタム関数でセルの値を取得できる

◎座標一覧の作成

「閉じて読み込む」をクリックしてExcelワークブックに戻り、項目名と座標を
まとめた「項目座標」シートのテーブルから「接続専用」クエリを作ります。

図7-64　座標一覧をクエリ化

◎カスタム関数によるファイルの一括取得

「申込書」フォルダー内のExcelブックをまとめて読み込みます。

▶「データ」タブ→データの取得→ファイルから→フォルダーから

▶ フォルダーパスに「申込書」のパスを選択→OK→データの変換

▶「Folder Path」と「Name」列を選択→右クリック→他の列の削除

▶「Folder Path」、「Name」の順に列の並べ替え

図7-65　「フォルダーから」でパスを用意

「Folder Path」列と「Name」列の順番で選択して、「列のマージ」でファイ
ルパスを作ります。

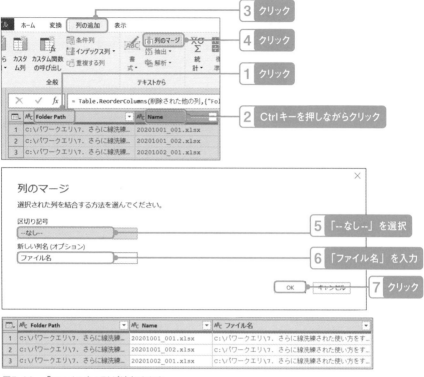

図7-66 「ファイル名」列が追加された

「カスタム列」で、「項目座標」テーブルを読み込みます。

▶「列の追加」タブ→カスタム列

▶ カスタム列の式→「項目座標」と入力→OK

▶「カスタム」列の展開ボタンをクリック→「元の列名をプレフィックスとして使用します」のチェックを外す→OK

ファイル名	項目	p_行	p_列
c:\パワークエリ\7．さらに線洗練された使い方をす...	氏名フリガナ	6	11
c:\パワークエリ\7．さらに線洗練された使い方をす...	生年月日	6	26
c:\パワークエリ\7．さらに線洗練された使い方をす...	氏名	7	11
c:\パワークエリ\7．さらに線洗練された使い方をす...	住所	9	11
c:\パワークエリ\7．さらに線洗練された使い方をす...	ペットの名前フリガナ	14	11

図7-67 「項目座標」を結合

いよいよカスタム関数を呼び出します。「p_行」、「p_列」、「p_ファイル名」は
値ではなく、すべて列名で選択します。

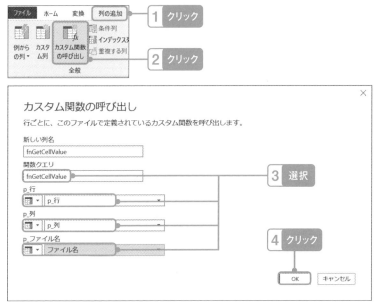

図7-68 「カスタム関数の呼び出し」の設定

それぞれのファイルの座標の値を取得できました。

項目	p_行	p_列	fnGetCellValue
氏名フリガナ	6	11	エクセル タロウ
生年月日	6	26	1970/01/01
氏名	7	11	Excel 太郎
住所	9	11	東京都　ＹＹ区　１２３４…
ペットの名前フリガナ	14	11	ニャジ゛ラ

**※Formula.Firewallエラーが出た場合、PowerQueryエディターを閉じ、
「データ→データの取得→クエリオプション」で「現在のブック→プライ
バシー→プライバシーレベルを無視すると、パフォーマンスが向上する場
合があります」を選択してください。**

「Name」、「項目」、「fnGetCellValue」列だけを残して他の列を削除します。

⊞	ᴬᵇᶜ Name	▾	ᴬᵇᶜ 項目	▾	ᴬᵇᶜ₁₂₃ fnGetCellValue	▾
1	20201001_001.xlsx		氏名フリガナ		エクセル タロウ	
2	20201001_001.xlsx		生年月日			1970/01/01
3	20201001_001.xlsx		氏名		Excel 太郎	
4	20201001_001.xlsx		住所		東京都　ＹＹ区　１２３４...	
5	20201001_001.xlsx		ペットの名前フリガナ		ニャジ'ラ	

図7-69　不要な列を削除

「項目」列を選択し、「列のピボット」を行います。

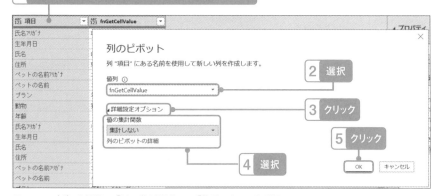

図7-70　ピボット解除で「値の集計関数」に「集計しない」を選択

これでデータベース形式に変換できました。

神エクセルとして名高いExcel方眼紙も、パワークエリがあれば立派なデータベース形式に整形できます。

図7-71　ネ申EXCEL方眼紙もデータベース形式に！！

7 応用③：マクロと連携した CSVファイルの出力

パワークエリはデータを取り込むことは得意ですが、クエリの結果を外部へとエクスポートすることはできません。今回はマクロと連携してクエリの結果をCSVファイルとしてエクスポートする手順を紹介します。

◎「開発」タブの表示

Excelに「開発」タブが表示されていない場合、以下の手順で追加します。

▶ファイル→オプション→リボンのユーザー設定

▶右側のメイン タブ→「開発」のチェックを入れる→OK

◎クエリを更新し、CSVに出力するマクロを記録

既に作成したクエリがあるExcelブックを開き、「マクロの記録」を開始します。

図7-72　マクロの記録を開始

「クエリと接続」ペインで既に作成したクエリを更新します。

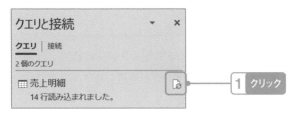

図7-73 「クエリと接続」ペイン

更新が完了したら、CSVファイルとして保存します。
- ▶ファイル→名前を付けて保存
- ▶ファイルの種類→「CSV（コンマ区切り）（*.csv）」を選択→保存
- ▶警告画面が表示された場合→OK

「マクロの記録」を終了します。

図7-74 マクロの記録を終了

◎ボタンの追加とマクロの割り当て

「開発」タブのフォームコントロールから「ボタン」を追加します。

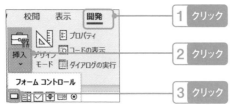

図7-75 「ボタン」を追加

シート上のどこかでクリックまたはドラッグし、「マクロの登録」画面で先ほど記録したマクロを選択します。

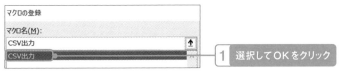

図7-76　マクロを選択

ボタンの名前を変更します。

図7-77　ボタン名を変更

◎マクロの実行と修正

「CSV出力」ボタンをクリックして実行すると以下のエラーメッセージが表示されます。これはクエリの更新が終わる前にCSVファイルを保存しようとしたことによるエラーです。いったん「キャンセル」します。

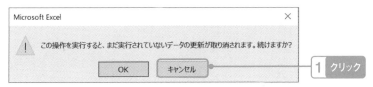

図7-78　エラーメッセージ

更新したクエリからプロパティを開きます。

▶ クエリと接続ペイン→更新したクエリを右クリック→プロパティ

▶ クエリプロパティ→「バックグラウンドで更新する」のチェックを外す
→OK

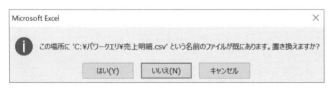

クエリ プロパティ

クエリ名(N)   売上明細
説明(I):

使用(G)   定義(D)   使用されている場所(U)

コントロールの更新

前回の更新:

☐ バックグラウンドで更新する(G)

☐ 定期的に更新する(R)   60   分ごと

☐ ファイルを開くときにデータを更新する(Q)

1 チェックを外し
OKをクリック

図7-79   クエリプロパティのチェックを外す

もう一度「CSV出力」ボタンを押すと、今度は先ほどの更新に関する警告は
出ませんが、ファイル上書きの確認画面が出ます。いったん「キャンセル」しま
す。

Microsoft Excel   ×

ℹ この場所に 'C:¥パワークエリ¥売上明細.csv' という名前のファイルが既にあります。置き換えますか?

はい(Y)   いいえ(N)   キャンセル

図7-80   ファイル上書きの確認画面

マクロの記述を変更し、警告メッセージを非表示にします。

▶ 「開発」タブ→コード→マクロ

▶ 「CSV出力」を選択→編集

以下の記述をコードに追加します。

```
' 上書き保存警告を非表示
Application.DisplayAlerts = False
```

```
' 完了メッセージ
MsgBox "CSVエクスポート完了"
```

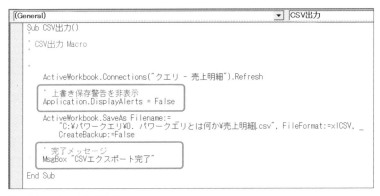

図7-81　マクロの記述を変更

コードを保存して、ウィンドウを閉じます。

図7-82　コードを保存

もう一度「CSV出力」をクリックすると、無事CSVファイルを保存できます。

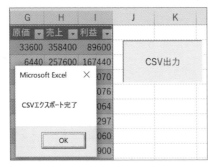

図7-83 「CSV出力」をクリック

最後にEXCELブックをマクロ有効ブックとして保存します。
▶ファイル→名前を付けて保存
▶ファイルの種類→「Excelマクロ有効ブック（*.xlsm）」を選択→保存

索引

パワークエリを学ぶための参考資料

【書籍】

●M Is for Data Monkey: The Excel Pro's Definitive Guide to Power Query (Holy Macro Books: Ken Puls, Miguel Escobar)

私が初めてパワークエリの使い方を学んだ本です。英語ですがとても分かり易く説明されているので入門者向けの本です。

●Collect, Combine, and Transform Data Using Power Query in Excel and Power BI (Microsoft Press: Gil Raviv)

クエリの関数化やSNSとの連携、Web APIサービスの呼び出しなど、高度なテクニックを紹介しています。
パワークエリについてある程度学んだ人が読むと良いでしょう。

●Excelパワーピボット 7つのステップでデータ集計・分析を「自動化」する本 (翔泳社: 鷹尾祥)

パワークエリ、パワーピボット、DAXの総合的な使い方を紹介し、Excelを使った全自動のレポート化＝セルフサービスBIを実現するための本です。

●いちばんやさしいExcelピボットテーブルの教本 人気講師が教えるデータ集計が一瞬で終わる方法「いちばんやさしい教本」シリーズ (インプレス: 羽毛田 睦土)

パワークエリととても相性のよいピボットテーブルについて紹介した本です。パワークエリを含め、データをどのように持てばピボットテーブルを最大限に使いこなせるかについて詳しく説明されてます。

【ブログ】

●Akira Takao's blog
https://modernexcel7.hatenablog.com/
私のブログです。

●Qiita：狸さんのサイト
https://qiita.com/tanuki_phoenix
第4章のテキスト一括変換など、パワークエリを使った高度なテクニックが多数紹介されています。

●とある会計士のひとりごと。
https://sakatakablog.com/
→会計士の立場から日常業務にとても役立つパワークエリの使い方が紹介されています。

◎著者紹介

鷹尾 祥 (たかお あきら)

立教大学文学部心理学科卒業。大学では統計学を中心に科学的な思考方法を学ぶ。

大学卒業後、日本のIT企業で組込みソフトウェアの開発に携わっていたが、インドの大手IT企業への転職をきっかけにデータベース・アプリケーションの開発に従事する。ORACLEデータベース・アプリケーションの開発、Webアプリケーションの開発、ITプロジェクト・マネージャー等の経験の後に、ビジネスサイドにキャリア・チェンジし外資系企業のファイナンス部門に移籍。それを契機として本格的にExcelを使い始める。

当初IT出身の人間としてExcel関数にデータベースの考え方を取り入れる形でレポートを作成していたが、Excelのパワーピボット、パワークエリを知り衝撃を受ける。さっそく業務に応用したところ、その作業の効率性、レポートの機能に関して従来のアプローチを圧倒する結果を得る。以降これらモダンエクセルの機能を一刻も早く世に広めなくてはならないと執筆を決意。2019年7月、『Excelパワーピボット 7つのステップでデータ集計・分析を「自動化」する本』を出版。

以下ブログで、パワーピボット、パワークエリ、DAXのテクニックを紹介している。
https://modernexcel7.hatenablog.com/

装丁・本文デザイン／結城亨 (SelfScript)
DTP／株式会社明昌堂

レビュー協力／加藤麻衣子、峯島寛人

Excelパワークエリ
データ収集・整形を自由自在にする本

2021年2月19日 初版　第1刷発行
2023年2月10日 初版　第5刷発行

著者　　鷹尾 祥 (たかお あきら)
発行人　佐々木 幹夫
発行所　株式会社 翔泳社 (https://www.shoeisha.co.jp)
印刷／製本　株式会社ワコープラネット

ISBN978-4-7981-6708-4
Printed in Japan